（哈勃）对宇宙正在膨胀的发现，乃是20世纪一项伟大的理性革命。

——霍金

（哈勃）的工作极其出色，并且，他具有一种美好的精神。

——爱因斯坦

世界比我大得太多。我不可能懂得它，所以我必须让自己信赖它，并且忘了它。

——哈勃

本书列入“十四五”国家重点图书出版规划

科学元典丛书

The Series of the Great Classics in Science

科学素养文库·科学元典丛书

主　　编　任定成
执行主编　周雁翎

策　　划　周雁翎
丛书主持　陈　静

科学元典是科学史和人类文明史上划时代的丰碑，是人类文化的优秀遗产，是历经时间考验的不朽之作。它们不仅是伟大的科学创造的结晶，而且是科学精神、科学思想和科学方法的载体，具有永恒的意义和价值。

星云世界

The Realm of the Nebulae

[美] 哈勃 著　吴燕 译

图书在版编目(CIP)数据

星云世界/(美) 哈勃著；吴燕译. —北京：北京大学出版社，2016.9
（科学元典丛书）
ISBN 978-7-301-27548-1

Ⅰ.①星…　Ⅱ.①哈…②吴…　Ⅲ.①星云—研究　Ⅳ.①P155

中国版本图书馆 CIP 数据核字（2016）第 220238 号

书　　名　星云世界
　　　　　Xingyun Shijie
著作责任者　［美］哈勃　著　吴燕　译
丛 书 策 划　周雁翎
丛 书 主 持　陈　静
责 任 编 辑　唐知涵　吴卫华　李淑方
标 准 书 号　ISBN 978-7-301-27548-1
出 版 发 行　北京大学出版社
地　　址　北京市海淀区成府路 205 号　100871
网　　址　http://www.pup.cn　新浪微博：@北京大学出版社
微信公众号　科学元典（微信号：kexueyuandian）
电 子 信 箱　zyl@ pup.pku.edu.cn
电　　话　邮购部 010-62752015　发行部 010-62750672　编辑部 010-62767857
印 刷 者　北京中科印刷有限公司
经 销 者　新华书店
　　　　　787 毫米 × 1092 毫米　16 开本　16 印张　8 插页　207 千字
　　　　　2016 年 9 月第 1 版　2023 年 6 月第 3 次印刷
定　　价　59.00 元

未经许可，不得以任何方式复制或抄袭本书之部分或全部内容。
版权所有，侵权必究
举报电话：010-62752024　电子信箱：fd@pup.pku.edu.cn
图书如有印装质量问题，请与出版部联系，电话：010-62756370

弁　言

• *Preface to the Series of the Great Classics in Science* •

这套丛书中收入的著作，是自古希腊以来，主要是自文艺复兴时期现代科学诞生以来，经过足够长的历史检验的科学经典。为了区别于时下被广泛使用的“经典”一词，我们称之为“科学元典”。

我们这里所说的“经典”，不同于歌迷们所说的“经典”，也不同于表演艺术家们朗诵的“科学经典名篇”。受歌迷欢迎的流行歌曲属于“当代经典”，实际上是时尚的东西，其含义与我们所说的代表传统的经典恰恰相反。表演艺术家们朗诵的“科学经典名篇”多是表现科学家们的情感和生活态度的散文，甚至反映科学家生活的话剧台词，它们可能脍炙人口，是否属于人文领域里的经典姑且不论，但基本上没有科学内容。并非著名科学大师的一切言论或者是广为流传的作品都是科学经典。

这里所谓的科学元典，是指科学经典中最基本、最重要的著作，是在人类智识史和人类文明史上划时代的丰碑，是理性精神的载体，具有永恒的价值。

一

科学元典或者是一场深刻的科学革命的丰碑，或者是一个严密的科学体系的构架，或者是一个生机勃勃的科学领域的基石，或者是一座传播科学文明的灯塔。它们既是昔日科学成就的创造性总结，又是未来科学探索的理性依托。

哥白尼的《天体运行论》是人类历史上最具革命性的震撼心灵的著作，它向统治西方思想千余年的地心说发出了挑战，动摇了“正统宗教”学说的天文学基础。伽利略《关于托勒密和哥白尼两大世界体系的对话》以确凿的证据进一步论证了哥白尼学说，更直接地动摇了教会所庇护的托勒密学说。哈维的《心血运动论》以对人类躯体和心灵的双重关怀，满怀真挚的宗教情感，阐述了血液循环理论，推翻了同样统治西方思想千余年、被“正统宗教”所庇护的盖伦学说。笛卡儿的《几何》不仅创立了为后来诞生的微积分提供了工具的解析几何，而且折射出影响万世的思想方法论。牛顿的《自然哲学之数学原理》标志着17世纪科学革命的顶点，为后来的工业革命奠定了科学基础。分别以惠更斯的《光论》与牛顿的《光学》为代表的波动说与微粒说之间展开了长达200余年的论战。拉瓦锡在《化学基础论》中详尽论述了氧化理论，推翻了统治化学百余年之久的燃素理论，这一智识壮举被公认为历史上最自觉的科学革命。道尔顿的《化学哲学新体系》奠定了物质结构理论的基础，开创了科学中的新时代，使19世纪的化学家们有计划地向未知领域前进。傅立叶的《热的解析理论》以其对热传导问题的精湛处理，突破了牛顿的《自然哲学之数学原理》所规定的理论力学范围，开创了数学物理学的崭新领域。达尔文《物种起源》中的进化论思想不仅在生物学发展到分子水平的今天仍然是科学家们阐释的对象，而且100多年来几乎在科学、社会和人文的所有领域都在施展它有形和无形的影响。《基因论》揭示了孟德尔式遗传性状传递机理的物质基础，把生命科学推进到基因水平。爱因斯坦的《狭义与广义相对论浅说》和薛定谔的《关于波动力学的四次演讲》分别阐述了物质世界在高速和微观领域的运动规律，完全改变了自牛顿以来的世界观。魏格纳的《海陆的起源》提出了大陆漂移的猜想，为当代地球科学提供了新的发展基点。维纳的《控制论》揭示了控制系统的反馈过程，普里戈金的《从存在到演化》发现了系统可能从原来无序向新的有序态转化的机制，二者的思想在今天的影响已经远远超越了自然科学领域，影响到经济学、社会学、政治学等领域。

科学元典的永恒魅力令后人特别是后来的思想家为之倾倒。欧几里得的《几何原本》以手抄本形式流传了1800余年，又以印刷本用各种文字出了1000版以上。阿基米德写了大量的科学著作，达·芬奇把他当作偶像崇拜，热切搜求他的手稿。伽利略以他的继承人自居。莱布尼兹则说，了解他的人对后代杰出人物的成就就不会那么赞赏了。为捍卫《天体运行论》中的学说，布鲁诺被教会处以火刑。伽利略因为其《关于托勒密和哥白尼两大世界体系的对话》一书，遭教会的终身监禁，备受折磨。伽利略说吉尔伯特的《论磁》一书伟大得令人嫉妒。拉普拉斯说，牛顿的《自然哲学之数学原理》揭示了宇宙的最伟大定律，它将永远成为深邃智慧的纪念碑。拉瓦锡在他的《化学基础论》出版后5年被法国革命法庭处死，传说拉格朗日悲愤地说，砍掉这颗头颅只要一瞬间，再长出这样的头颅100年也不够。《化学哲学新体系》的作者道尔顿应邀访法，当他走进法国科学院会议厅时，院长和全体院士起立致敬，得到拿破仑未曾享有的殊荣。傅立叶在《热的解析理论》中阐述的强有力的数学工具深深影响了整个现代物理学，推动数学分析的发展达一个多世纪，麦克斯韦称赞该书是“一首美妙的诗”。当人们咒骂《物种起源》是“魔鬼的经典”“禽兽的哲学”的时候，赫胥黎甘做“达尔文的斗犬”，挺身捍卫进化论，撰写了《进化论与伦理学》和《人类在自然界的位置》，阐发达尔文的学说。经过严复的译述，赫胥黎的著作成为维新领袖、辛亥精英、“五四”斗士改造中国的思想武器。爱因斯坦说法拉第在《电学实验研究》中论证的磁场和电场的思想是自牛顿以来物理学基础所经历的最深刻变化。

在科学元典里，有讲述不完的传奇故事，有颠覆思想的心智波涛，有激动人心的理性思考，有万世不竭的精神甘泉。

二

按照科学计量学先驱普赖斯等人的研究，现代科学文献在多数时间里呈指数增长趋势。现代科学界，相当多的科学文献发表之后，并没有任何人引用。就是一时被引用过的科学文献，很多没过多久就被新的文献所淹没了。科学注重的是创造出新的实在知识。从这个意义上说，科学是向前看的。但是，我们也可以看到，这么多文献被淹没，也表明划时代的科学文献数量是很少的。大多数科学元典不被现代科学文献所引用，那是因为其中的知识早已成为科学中无须证明的常识了。即使这样，科学经典也会因为其中思想的恒久意义，而像人文领域里的经典一样，具有永恒的阅读价值。于是，科学经典就被一编再编、一印再印。

早期诺贝尔奖得主奥斯特瓦尔德编的物理学和化学经典丛书“精密自然科学经典”从1889年开始出版，后来以“奥斯特瓦尔德经典著作”为名一直在编辑出版，有资料说目前已经出版了250余卷。祖德霍夫编辑的“医学经典”丛书从1910年就开始陆续出版了。也是这一年，蒸馏器俱乐部编辑出版了20卷“蒸馏器俱乐部再版本”丛书，丛书中全是化学经典，这个版本甚至被化学家在20世纪的科学刊物上发表的论文所引用。一般把1789年拉瓦锡的化学革命当作现代化学诞生的标志，把1914年爆发的第一次世界大战称为化学家之战。奈特把反映这个时期化学的重大进展的文章编成一卷，把这个时期的其他9部总结性化学著作各编为一卷，辑为10卷“1789—1914年的化学发展”丛书，于1998年出版。像这样的某一科学领域的经典丛书还有很多很多。

科学领域里的经典，与人文领域里的经典一样，是经得起反复咀嚼的。两个领域里的经典一起，就可以勾勒出人类智识的发展轨迹。正因为如此，在发达国家出版的很多经典丛书中，就包含了这两个领域的重要著作。1924年起，沃尔科特开始主编一套包括人文与科学两个领域的原始文献丛书。这个计划先后得到了美国哲学协会、美国科学促进会、科学史学会、美国人类学协会、美国数学协会、美国数学学会以及美国天文学学会的支持。1925年，这套丛书中的《天文学原始文献》和《数学原始文献》出版，这两本书出版后的25年内市场情况一直很好。1950年，沃尔科特把这套丛书中的科学经典部分发展成为“科学史原始文献”丛书出版。其中有《希腊科学原始文献》《中世纪科学原始文献》和《20世纪(1900—1950年)科学原始文献》，文艺复兴至19世纪则按科学学科(天文学、数学、物理学、地质学、动物生物学以及化学诸卷)编辑出版。约翰逊、米利肯和威瑟斯庞三人主编的“大师杰作丛书”中，包括了小尼德勒编的3卷“科学大师杰作”，后者于1947年初版，后来多次重印。

在综合性的经典丛书中，影响最为广泛的当推哈钦斯和艾德勒1943年开始主持编译的“西方世界伟大著作丛书”。这套书耗资200万美元，于1952年完成。丛书根据独创性、文献价值、历史地位和现存意义等标准，选择出74位西方历史文化巨人的443部作品，加上丛书导言和综合索引，辑为54卷，篇幅2 500万单词，共32 000页。丛书中收入不少科学著作。购买丛书的不仅有“大款”和学者，而且还有屠夫、面包师和烛台匠。迄1965年，丛书已重印30次左右，此后还多次重印，任何国家稍微像样的大学图书馆都将其列入必藏图书之列。这套丛书是20世纪上半叶在美国大学兴起而后扩展到全社会的经典著作研读运动的产物。这个时期，美国一些大学的寓所、校园和酒吧里都能听到学生讨论古典佳作的声音。有的大学要求学生必须深研100多部名著，甚至在教学中不得使用最新的实验设备，而是借助历史上的科学大师所使用的方法和仪器复制品去再现划时代的著名实验。至20世纪40年代末，美国举办古典名著学习班的城市达300个，学员50 000余众。

相比之下，国人眼中的经典，往往多指人文而少有科学。一部公元前300年左右古希腊人写就的《几何原本》，从1592年到1605年的13年间先后3次汉译而未果，经17世纪初和19世纪50年代的两次努力才分别译刊出全书来。近几百年来移译的西学典籍中，成系统者甚多，但皆系人文领域。汉译科学著作，多为应景之需，所见典籍寥若晨星。借20世纪70年代末举国欢庆“科学春天”到来之良机，有好尚者发出组译出版“自然科学世界名著丛书”的呼声,但最终结果却是好尚者抱憾而终。20 世纪 90 年代初出版的“科学名著文库”,虽使科学元典的汉译初见系统,但以 10 卷之小的容量投放于偌大的中国读书界,与具有悠久文化传统的泱泱大国实不相称。

我们不得不问:一个民族只重视人文经典而忽视科学经典,何以自立于当代世界民族之林呢?

三

科学元典是科学进一步发展的灯塔和坐标。它们标识的重大突破,往往导致的是常规科学的快速发展。在常规科学时期,人们发现的多数现象和提出的多数理论,都要用科学元典中的思想来解释。而在常规科学中发现的旧范型中看似不能得到解释的现象,其重要性往往也要通过与科学元典中的思想的比较显示出来。

在常规科学时期,不仅有专注于狭窄领域常规研究的科学家,也有一些从事着常规研究但又关注着科学基础、科学思想以及科学划时代变化的科学家。随着科学发展中发现的新现象,这些科学家的头脑里自然而然地就会浮现历史上相应的划时代成就。他们会对科学元典中的相应思想,重新加以诠释,以期从中得出对新现象的说明,并有可能产生新的理念。百余年来,达尔文在《物种起源》中提出的思想,被不同的人解读出不同的信息。古脊椎动物学、古人类学、进化生物学、遗传学、动物行为学、社会生物学等领域的几乎所有重大发现,都要拿出来与《物种起源》中的思想进行比较和说明。玻尔在揭示氢光谱的结构时,提出的原子结构就类似于哥白尼等人的太阳系模型。现代量子力学揭示的微观物质的波粒二象性,就是对光的波粒二象性的拓展,而爱因斯坦揭示的光的波粒二象性就是在光的波动说和粒子说的基础上,针对光电效应,提出的全新理论。而正是与光的波动说和粒子说二者的困难的比较,我们才可以看出光的波粒二象性说的意义。可以说,科学元典是时读时新的。

除了具体的科学思想之外,科学元典还以其方法学上的创造性而彪炳史册。这些方法学思想,永远值得后人学习和研究。当代诸多研究人的创造性的前沿领域,如认知心理学、科学哲学、人工智能、认知科学等,都涉及对科学大师的研究方法的研究。一些科学史学家以科学元典为基点,把触角延伸到科学家的信件、实验室记录、所属机构的档案等原始材料中去,揭示出许多新的历史现象。近二十多年兴起的机器发现,首先就是对科学史学家提供的材料编制程序,在机器中重新做出历史上的伟大发现。借助于人工智能手段,人们已经在机器上重新发现了波义耳定律、开普勒行星运动第三定律,提出了燃素理论。萨伽德甚至用机器研究科学理论的竞争与接受,系统研究了拉瓦锡氧化理论、达尔文进化学说、魏格纳大陆漂移说、哥白尼日心说、牛顿力学、爱因斯坦相对论、量子论以及心理学中的行为主义和认知主义形成的革命过程和接受过程。

除了这些对于科学元典标识的重大科学成就中的创造力的研究之外，人们还曾经大规模地把这些成就的创造过程运用于基础教育之中。美国几十年前兴起的发现法教学，就是在这方面的尝试。近二十多年来，全球兴起了基础教育改革的浪潮，其目标就是提高学生的科学素养，改变片面灌输科学知识的状况。其中的一个重要举措，就是在教学中加强科学探究过程的理解和训练。因为，单就科学本身而言，它不仅外化为工艺、流程、技术及其产物等器物形态，直接表现为概念、定律和理论等知识形态，更深蕴于其特有的思想、观念和方法等精神形态之中。没有人怀疑，我们通过阅读今天的教科书就可以方便地学到科学元典著作中的科学知识，而且由于科学的进步，我们从现代教科书上所学的知识甚至比经典著作中的更完善。但是，教科书所提供的只是结晶状态的凝固知识，而科学本是历史的、创造的、流动的，在这历史、创造和流动过程之中，一些东西蒸发了，另一些东西积淀了，只有科学思想、科学观念和科学方法保持着永恒的活力。

然而，遗憾的是，我们的基础教育课本和不少科普读物中讲的许多科学史故事都是误讹相传的东西。比如，把血液循环的发现归于哈维，指责道尔顿提出二元化合物的元素原子数最简比是当时的错误，讲伽利略在比萨斜塔上做过落体实验，宣称牛顿提出了牛顿定律的诸数学表达式，等等。好像科学史就像网络上传播的八卦那样简单和耸人听闻。为避免这样的误讹，我们不妨读一读科学元典，看看历史上的伟人当时到底是如何思考的。

现在，我们的大学正处在席卷全球的通识教育浪潮之中。就我的理解，通识教育固然要对理工农医专业的学生开设一些人文社会科学的导论性课程，要对人文社会科学专业的学生开设一些理工农医的导论性课程，但是，我们也可以考虑适当跳出专与博、文与理的关系的思考路数，对所有专业的学生开设一些真正通而识之的综合性课程，或者倡导这样的阅读活动、讨论活动、交流活动甚至跨学科的研究活动，发掘文化遗产、分享古典智慧、继承高雅传统，把经典与前沿、传统与现代、创造与继承、现实与永恒等事关全民素质、民族命运和世界使命的问题联合起来进行思索。

我们面对不朽的理性群碑，也就是面对永恒的科学灵魂。在这些灵魂面前，我们不是要顶礼膜拜，而是要认真研习解读，读出历史的价值，读出时代的精神，把握科学的灵魂。我们要不断吸取深蕴其中的科学精神、科学思想和科学方法，并使之成为推动我们前进的伟大精神力量。

任定成
2005 年 8 月 6 日
北京大学承泽园迪吉轩

▲ 埃德温·哈勃（Edwin Hubble，1889—1953）

他身高1.9米，颜值如电影明星，篮球、网球、橄榄球、拳击、射击几乎样样精通；他是法律系高材生，却在现代天文学领域做出了伟大贡献。他就是“星系天文学之父”哈勃。

哈勃之所以能走向天文学研究并做出伟大的贡献，与他从小对天文学的爱好密不可分，从他的成长经历中处处可见天文学对他的影响。

◀ 哈勃的祖父母马丁和玛丽

马丁的祖先来自英伦，到达美洲后曾经两度改姓（曾为Hubball，Hubbell），自马丁的祖父起这家人才开始姓哈勃（Hubble）。马丁在哈勃8岁时送给孙子一架自制的望远镜。爷孙俩都迷恋火星和天文观测。马丁认为，宇宙中最美的东西是行星和恒星。幼年的记忆无疑对哈勃产生了深刻的影响。

▶ 哈勃的父亲约翰和母亲詹妮

约翰年轻时曾被脱缰的马拖曳造成重伤，正是在詹妮父亲的诊所里得到救治。约翰因祸得福，与詹妮就此相爱成婚。与祖父不同，父亲始终反对哈勃对天文学的追求，他希望儿子成为律师。

◀ 哈勃的外祖父与孙辈们

哈勃6岁时，14个月大的妹妹弗吉尼亚因为踩坏了哥哥的积木城堡，被两个哥哥哈勃和威廉报复性地踩了手指，不久病倒死去。这件事在哈勃的心里留下了很长一段时间的阴影，幸好在众多兄弟姐妹的环境下长大，使他逐渐走出了伤痛的阴影。

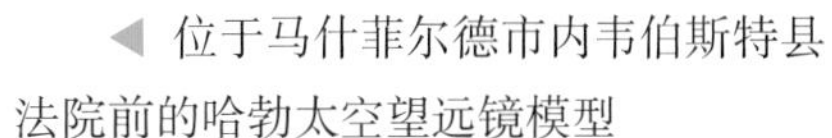

◀ 位于马什菲尔德市内韦伯斯特县法院前的哈勃太空望远镜模型

马什菲尔德是哈勃的出生地，也是他童年最主要的居住地。童年的哈勃不喜欢交际，却酷爱在夜空下观天和在户外观察动物，喜欢阅读凡尔纳的科幻小说和福尔摩斯探案故事。

▶ 美国天文学家洛厄尔（Percival Lowell，1855—1916）

他来自美国波士顿著名的洛厄尔家族，于1894年在亚利桑那州旗杆城的火星山上创建了洛厄尔天文台，并且预见了冥王星的存在。在他去世后14年，冥王星被发现。冥王星的英文名Pluto取了洛厄尔姓名开头两字母，正是出于对他的纪念。洛厄尔对火星的研究深深吸引了年幼的哈勃。

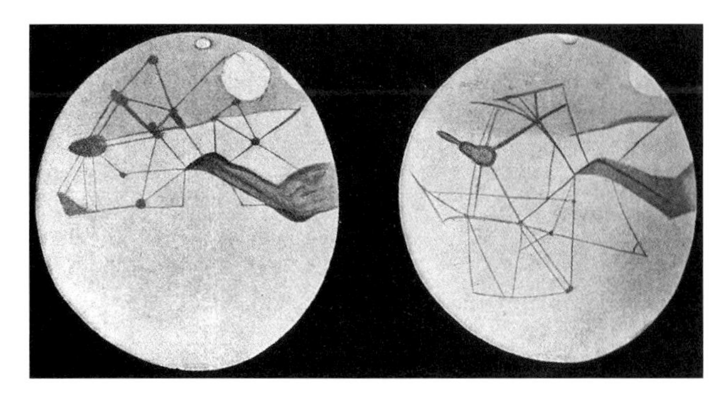

◀ 洛厄尔绘制的火星上的运河图

洛厄尔根据意大利天文学家斯基帕雷利（Giovanni Schiaparelli，1835—1910）提出的火星上的复杂网格是运河的猜想，对火星进行观测后，肯定了这一猜想。此时，年幼的哈勃和祖父受其影响，也正迷恋火星。后来天文学家们更多的观测证明，所谓“运河”完全是一个错觉。

◀ 月全食过程图

快满10岁时，哈勃得知在1899年6月23日午夜之后将发生一次月全食。激动的哈勃为了不错过机会，在双亲许可下，拉着儿时的玩伴萨姆陪着他，在屋外的野地里蹲守了一整夜。据萨姆回忆：那是一个十分晴朗的夜晚，正是这次经历，使哈勃决心成为一名天文学家。

◀ 惠顿中学校徽

随着父亲工作的变动，哈勃一家从马什菲尔德搬到了伊利诺伊州芝加哥市附近的惠顿。惠顿中学拥有一个被称为“柠檬”的12英寸半反射望远镜，哈勃当然不会错过对它的光顾，而校长罗素的宇宙学素养也对哈勃产生了影响。

◀ 哈勃高中毕业照

哈勃在惠顿中学时曾跳了两级。中学时的他性情傲慢，不喜欢社交，却好表现自己，热爱体育运动。在14岁时，哈勃做了阑尾手术，卧床期间，他尽情地阅读了许多天文学书籍。

▼ 芝加哥大学

芝加哥大学的科研水平在全世界有目共睹，这里至今共诞生了近百位诺奖得主和世界上第一台人工可控核反应堆。1906—1910年哈勃在此度过了重要的四年。

在芝加哥大学，哈勃本来是要学习法律的，但这里出色的科学环境满足了他对天文学的爱好，他把主要精力用来学习了自然科学的课程，毕业时获得了理学士学位。

▶ 美国物理学家迈克耳逊（Albert A. Michelson，1852—1931）

因为发明精密光学干涉仪巧妙地证明了以太不存在并测定了光速等贡献，他成为美国第一位获得诺贝尔奖的科学家，并且赢得了爱因斯坦的高度赞扬——科学家中的艺术家。哈勃在校时，他正任芝加哥大学物理系主任。

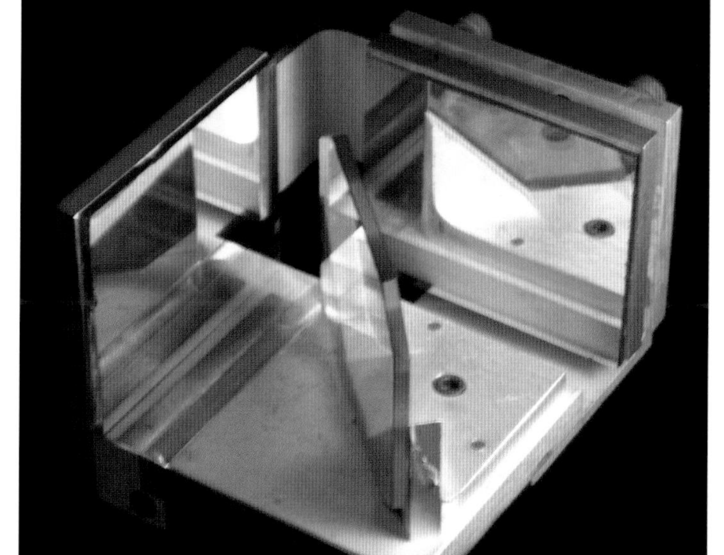

◀ 迈克耳逊干涉仪

▶ 美国天文学家莫尔顿（Forest R. Moulton，1872—1952）

他是真正给哈勃留下深刻印象和实际影响的芝加哥大学教师。哈勃在校时不仅上了他的课，而且阅读了他的著作。哈勃从牛津回到美国后，也是他积极地帮助哈勃回到天文学道路上来。

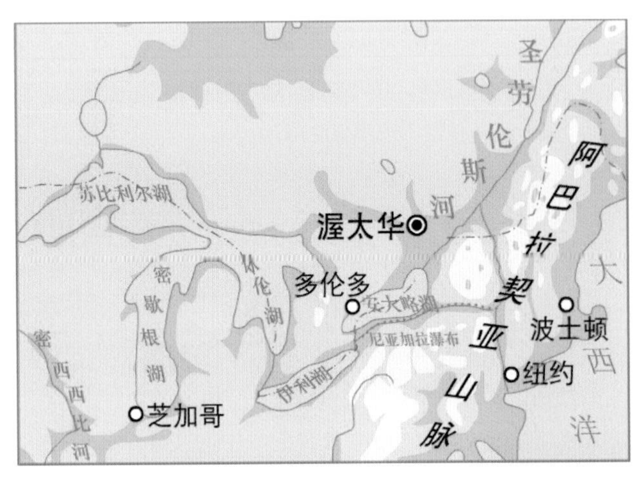

◀ 美国五大湖地图

哈勃在芝加哥大学曾选修过天文学课程“测量术导论”，而且暑假期间曾在密歇根湖周围的森林中从事过为铁路建设做准备的普查测量工作，这些经历无疑为他以后的天文观测提供了很好的帮助。测量技能是一名天文学工作人员的基本技能。

▶ 哈雷彗星

在芝加哥大学，除了学习天文学等科学课程，哈勃依然喜欢对天空进行实际观察。1910年哈雷彗星再次出现，他还不忘提醒祖父马丁观看。

◀ 芝加哥大学体育明星哈勃

热爱且擅长体育，是哈勃终身的特点。良好的身体素质无疑为他后来从事繁重的夜间观测奠定了坚实的基础。哈勃是个“全能型”选手，篮球、网球、橄榄球、田径、拳击、射击，几乎样样精通，且成绩非凡。在大学期间，哈勃初恋了，但是却因姑姑们的反对作罢，那位可爱的姑娘伊丽莎白知趣地离开了，并且留下了这样的借口：“我绝没有希望赶得上你对火星和遥远星云的爱好。”

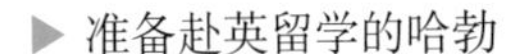

▶ 准备赴英留学的哈勃

除了自然科学，哈勃在大学期间也学习了文法课程。1910年他获得罗兹奖学金，准备前往英国牛津大学女王学院攻读法律。20世纪初的英国是世界第一强国，能够留学牛津，于哈勃是一种殊荣，此时的他可谓青春意气，风华正茂。

▶ 通往牛津大学女王学院的道路

在牛津，哈勃不仅苦读法律，继续参加体育比赛，而且广交朋友，广泛阅读，他以平均一周五本书的速度，汲取着从比较宗教学到俄国历史、科学史的各类知识。

▲ 牛津大学拉德克利夫天文台

哈勃曾在台长特纳教授的引领下登上中间的八角楼参观，二人结下了良好的友谊。显然，即使在牛津，哈勃也并未忘却自己的天文学爱好。而且，哈勃在此期间依然大量阅读科学经典和科学史著作。在与牛津的科学行家们争论关于天文学的话题时，这个学法律的学生常常会令人大吃一惊。

▶ 位于印第安纳州的新奥尔巴尼高中

1913年哈勃从牛津毕业回国后，由于一时找不到合适的工作，曾在这里短暂教授西班牙语、数学、物理、篮球等课程。他教授的课程与科学的关系更紧密些，而且据学生们回忆，哈勃在自修室里对于阅读天文学书籍比对学生们正在做什么更感兴趣。

◀ 叶凯士天文台

位于威斯康星州最南部，由美国有轨电车大王叶凯士（Charles T. Yerkes, 1837—1905）资助，天文学家海尔创立，隶属于芝加哥大学。

在新奥尔巴尼，哈勃感到如果不马上离开那里，他或许永远也无法实现自己的天文学理想。1914年5月，他写信给莫尔顿教授求助，莫尔顿极力将他推荐给了叶凯士天文台台长弗罗斯特（Edwin B. Frost, 1866—1935）。

▲ 叶凯士天文台工作人员

后排右数第四位即哈勃，第三位是时任台长弗罗斯特。背后40英寸（1.02米）折射望远镜至今仍是世界上最大的折射望远镜。弗罗斯特被哈勃的热情深深感动，决定接收他。就这样，1914年8月末，哈勃开始跟随弗罗斯特进行天文学研究并攻读博士学位。

▲ 哈勃少校与姐姐露西

1917年美国对德宣战，哈勃应征入伍，很快晋升为少校。“少校”也成为后来天文学同行对他的昵称。

◀ 威尔逊山天文台100英寸胡克望远镜

威尔逊山天文台位于加州洛杉矶东北。其100英寸（约2.54米）胡克反射望远镜是哈勃做出重要发现不可或缺的工具，也是哈勃天文学事业长久的伴侣。

自1919年9月哈勃退伍后来到威尔逊山，从此，除了第二次世界大战期间短暂前往东海岸马里兰州阿伯丁试验场负责为美国陆军进行弹道学研究外，哈勃几乎都在这里度过。

▶ 哈勃与夫人格雷斯

1920年6月的一天，当哈勃在威尔逊山天文台检查一张照相底片时，一位来访的女士被他英俊强壮的身影瞬间迷住，她就是格雷斯。哈勃曾表示为了她愿意放弃天文学去当律师，但格雷斯说如果哈勃放弃理想，她决不嫁给他。1924年2月两人举行婚礼，从此相伴一生。

目 录

导　读

卞毓麟

（中国科学院北京天文台教授）

• *Introduction to Chinese Version* •

> 要到达那崇高的幻想，我力不胜任；但是我的欲望和意志已像均匀地转动的轮子般被爱推动——爱也使那太阳和其他的星辰运行。
>
> ——但丁[①]

① 但丁(Dante，1265—1321)，欧洲文艺复兴时期意大利诗人，被誉为“中世纪最后一位诗人，又是新时代第一位诗人”，代表作《神曲》。

20 世纪 80 年代至 90 年代中期，笔者曾在一些国际学术会议上不止一次地见到，某位名家的报告正渐入佳境，演讲人却忽然停了下来，转而笑问一位花甲古稀之年的听者，“Right，Allan?”

回答是一个响亮的“Yes”或“No”。

这位阿伦·R.桑德奇(Allan R. Sandage)出生于 1926 年，是埃德温·哈勃的嫡传弟子，35 岁前后已成为国际上星系和宇宙学领域的一名领军人物。哈勃在一生的最后岁月与他谈论了许许多多话题，从艺术、哲学到音乐、文学和宗教。桑德奇因此而深感自己知识之不足，便把小说、录音、唱片，以及人文学科的名著再加到已经难以实现的日程表里。然后，1953 年，64 岁的哈勃突然去世，桑德奇继承了他的衣钵。“假如你是但丁的助手而但丁死了”，桑德奇曾向一名采访者悲叹，“你据有《神曲》的全部，那么你会做什么？你真的会做什么？”

桑德奇对哈勃的钦敬之情传遍了整个国际天文学界。哈勃的成就足以赢得诺贝尔奖。早在 1930 年代，年轻的霍伊尔(F. Hoyle)——日后提出“稳恒态宇宙论”的那位英国天文奇才，就告诉哈勃夫妇，英国人都知道诺贝尔奖委员会曾讨论修改其章程——它原本是不包含天文学条款的——在法律上是否可行，因此该奖有可能授予哈勃。无线电报的发明者马可尼(G. M. Marconi)也从密立根处获得了大致相同的消息。

20 世纪 50 年代，哈勃夫人格雷斯·哈勃(Grace Bukre Hubble)听说，诺贝尔奖委员会的两名委员费米和钱德拉塞卡，已与他们的同事一致投票推选哈勃为物理学奖得主。后来，天文学家 G. 伯比奇(G. Burbidge)和 M. 伯比奇(M. Burbidge)夫妇从钱德拉塞卡处证实了这一传闻。但是，诺贝尔奖不授予亡者，死神在关键时刻否决了哈勃应得的荣耀。

◀《神曲》插画

哈勃去世后，他的好友、作家赫胥黎(A. Huxley)写道："爱是永存的——因为正是它'使太阳和其他星辰运行'，对此类重要事物，埃德温比但丁知道得更清楚。"

"爱使太阳和其他星辰运行"，是但丁《神曲》的最后一句。我相信，哈勃吹响的向星系世界进军的冲锋号，威力绝不亚于一部新的"神曲"。作为"星系天文学之父"和观测宇宙学的奠基人，哈勃最主要的成就有三项：

(1) 一锤定音地解决了旋涡星云的本质问题；

(2) 建立了沿用至今的哈勃星系形态序列；

(3) 发现"哈勃定律"，支持了宇宙正在膨胀的观念。

哈勃从未采纳今天通用的"星系"(galaxy) 一词，他始终称它们为"星云"(nebula)。为此，拙文只好随语境相机措辞，敬请读者细察。

旋涡星云的本质

早在天文望远镜发明之前很久，人们就发现仙女座中有一颗"星"，宛若一小块暗弱的云雾状光斑。它就是著名的"仙女座大星云"。用天文望远镜可以看见许多与仙女座大星云相仿的云雾状天体。天文学家直到 19 世纪后期才逐渐查明，这些"星云"可以分为两大类，一类由气体和尘埃构成；另一类往往具有旋涡状的结构，故称"旋涡星云"。旋涡星云的光谱与普通的恒星光谱十分相似，可是即便使用相当大的望远镜，也不能在这些星云中分辨出单个恒星。它们的本质究竟是什么？天文学家对此始终争论不休。

1920 年 4 月 26 日，美国国家科学院就此举行了一场举世闻名的大辩论，对垒双方是两位名家：48 岁的柯蒂斯和 35 岁的沙普利。后者认为旋涡星云位于银河系内，是真正的星云状天体。前者则认为它们位于银河系外，是与银河系相似的庞大的恒星集团。辩论双方先后展示了有利于自己的天文观测证据，但都不能说服对方。

彻底揭开旋涡星云之谜的正是哈勃。1889年11月20日，哈勃出生于美国密苏里州马什菲尔德市，在芝加哥上中学，中学毕业后就读于芝加哥大学。1910年，哈勃在该校天文系毕业，获理学士学位。同年前往英国牛津大学女王学院，主攻法学，于1912年获文学士学位。1913年哈勃回到美国，在印第安纳州新奥尔巴尼中学教书。1914年，他前往芝加哥大学叶凯士天文台，做著名天文学家弗罗斯特的研究生，1917年获博士学位，学位论文的题目是“暗星云的照相研究”。

当时，威尔逊山天文台台长助理亚当斯注意到哈勃的天文观测才能，便建议他来威尔逊山天文台工作。但是，第一次世界大战正酣，哈勃应征入伍。不久，晋升至少校军衔，并一度随美军赴法国服役。战后他随美国占领军留驻德国，直至1919年10月返回美国，随即赴威尔逊山天文台工作。

当时，适逢该台那架称雄世界的2.54米反射望远镜落成不久。该镜强大的聚光能力和很高的分辨本领，为哈勃做出一系列历史性的发现提供了非常有利的条件。哈勃用这架望远镜拍摄了一批旋涡星云的照片，并破天荒地在这些星云的外围区域证认出许多“造父变星”。这类变星的亮度总是周而复始地变化着：增亮，变暗，再增亮，再变暗……一颗造父变星亮度变化的周期越长，它的实际发光能力就越强，这就是著名的“造父变星周光关系”。利用这一关系，天文学家不难由一颗造父变星的视亮度推算出它的实际距离，进而得知它所在的星云究竟位于银河系以内还是以外。哈勃正是利用了造父变星的这种特征，彻底揭开了旋涡星云本质之谜。

1924年12月30日至1925年元旦，在美国天文学会和美国科学促进会召开的一次会议上，宣布哈勃发现了仙女座大星云（又名M31）和三角座旋涡星云（又名M33）中的一批造父变星，并据此推算出这两个星云与我们的距离均约为 90 万光年[1]。当时已知银河系的直径仅约 10 万光年[2]，因此 M31 和 M33 都远远处于银河系以外！“河外星云”一词，指明了这些星云位于银河系外。后来，这一术语改称为“河外星系”，通常称为“星系”。

哈勃本人并未与会，但他分享了美国科学促进会为这次会议设立的最佳论文奖。他的论文一经宣读，人们当即明白，关于旋涡星云本质的争论业已告终。它们实际上都远在银河系之外，都是极其庞大的恒星集团，与银河系非常相似。

把宇宙看作一个整体，来研究它的结构、运动、起源和演化的学科叫做宇宙学。先前，宇宙学主要是理论家们的天地。现在，哈勃开辟了一条全新的探究途径，即日后所称的“观测宇宙学”。观测家们从此可以沿两条路线继续前进：一是研究单个星系的组成与结构，一是研究大量星系在空间的分布与运动。在这两方面，哈勃都是一位他人难以望其项背的先驱者。

星云世界的秩序

宇宙中如此众多的星云，犹如生命世界中众多的物种。为了研究它们，首先就应进行分类。1908 年，德国天文学家沃尔夫(M. F. J. C. Wolf) 提出一种纯描述性的星云分类体系，但是他定的那些类型之间缺乏变化过渡的连续性，因此必须修订。

1922 年，哈勃提出星云可分为“银河星云”和“非银河星云”两大类，它们又各分为若干次类。1925 年，国际天文学联合会在英国剑桥召开会议，哈勃没有参会，但是此前不久，他向星云和星团专业委员会提交了新的河外星云形态分类法，翌年

① 据最新数据，M31 距我们约 254 万光年，M33 距我们约 314 万光年。——本书编辑注

② 据最新数据，银河系直径约 15 万光年。——本书编辑注

就以“河外星云”为题在《天体物理学报》上正式发表。他发现，多数河外星云都有一个占主导地位的核心，整个星云则对它表现出某种旋转对称性，不具备这两项特征的星云仅占极少数。哈勃分别称它们为“规则星云”和“不规则星云”。规则星云又有两类，即“椭圆状的”和“旋涡状的”，每一类各有一个有规律的形态序列。“椭圆”序列之末与“旋涡”序列之首形态相近，几可衔接。而旋涡星云本身又分成两个平行的子序列，哈勃分别称它们为“正常旋涡星云”和“棒旋星云”。这种分类法是经验性的，不依赖于涉及星云物理过程与演化的任何理论假设。

哈勃于1936年出版的《星云世界》一书，在第2章中首次给出星云形态序列图，即著名的“音叉图”（参见本书图1）：“椭圆星云形成叉柄，球形的E0处于底端，透镜形的E7则刚好在柄与叉臂交接处的下方。正常旋涡星云和棒旋星云沿两条叉臂展开。”

哈勃还说：“柄与臂的交接处或许可用一种多少带有假设性的类型S0来表示，它在所有的星云演化理论中都是一个非常重要的阶段。”后来，人们确实发现了许多S0型星系，并称它们为“透镜状星系”。哈勃称E7为透镜形星云的时代成了历史，但他的形态序列却广泛地沿用至今。如今，它的正规名称是“哈勃星系形态序列”或“星系形态的哈勃序列”。该序列表明，众多的星系乃是同一家族中互有联系的成员。它在貌似纷乱庞杂的星系世界中引入了秩序，为人们进入这个神秘领域提供了一幅总体导游图。

同时，哈勃还探索了河外星系的组成成分和亮度分布规律，并在一些较近的星系中发现了已知存在于银河系中的几乎所有类型的高光度天体：新星、球状星团、蓝超巨星、气体星云等，从而为星系天体物理学的发展开启了一道新的大门。

哈勃定律的确立

现代宇宙学在理论方面始于1917年爱因斯坦发表《根据广义相对论对宇宙学所作的考察》一文。1920年代，苏联数学家弗里德曼和比利时天文学家勒梅特(G. Lemaitre)先后基于广义相对论，从理论上论证了宇宙随时间而膨胀的可能性。在观测方面，美国天文学家斯里弗则在1917年已初步发现，多数旋涡星云正以巨大的速度远离我们而去。

1929年，哈勃在《美国国家科学院会议文集》上发表《河外星云距离与视向速度的关系》一文。文中基于较以前更好的旋涡星云距离数据，提出星云的距离D与视向速度(星云沿观测者视线方向的运动速度)V之间的线性关系，即离我们越远的河外星云的视向速度越大。这就是日后闻名于世的哈勃定律：$V=H_0 \cdot D$，其中H_0称为哈勃常数(参见本书图9)。

哈勃的论证十分令人信服，论文一经发表即获普遍赞同。1930年，英国天文学家爱丁顿(A. S. Eddington)把河外星云的普遍退行[①]解释为宇宙的膨胀效应。也就是说，哈勃定律为宇宙膨胀提供了首要的观测证据。

后来，哈勃又和他的亲密合作伙伴赫马森将这项工作推广到更远的星系。1949年，赫马森利用刚落成不久的帕洛玛山天文台口径5.08米的反射望远镜再度开展这项研究，测到高达60000千米/秒的视向速度(长蛇星系团)，进一步证实了速度-距离关系的普遍性。最后，受制于当时的技术条件无法克服夜天气辉的影响，此项工作被迫终止。1953年5月8日，哈勃在英国的“乔治·达尔文讲座”中以“红移定律”为题总结了上述工作。同年，该文在《英国皇家天文学会月刊》上发表。

---

① 退行即指星云在远离我们而去的运动。

哈勃定律的确立是20世纪最重大的科学成就之一。它表明宇宙在整体上静止的观念已经过时，取而代之的是宇宙膨胀的图景：宇宙各部分正在彼此远离，互相退离的速率与它们之间的距离成正比。哈勃定律的发现激起了理论宇宙学家们进一步探索膨胀宇宙模型的热情。紧接着的任务则是更准确地测定宇宙膨胀的速率，以及膨胀速率本身如何随时间而变化。至今，天文学家们仍在为此而不懈努力。

“20世纪的哥白尼”

哈勃到威尔逊山天文台工作时已届而立之年。此后，除第二次世界大战期间曾在美国陆军位于马里兰州的阿伯丁试验场参与领导弹道学研究外，他始终在威尔逊山天文台。

除了前述三大贡献外，哈勃还做了其他许多很有影响的工作：

1922年，解决了弥漫星云的辐射来源与光谱性质问题，认清了发射星云和反射星云的差异，证明反射星云的辐射源是某个与之成协的恒星。

1930年，首次精确测量了椭圆星系的面亮度轮廓，提供了基本的面亮度轮廓模型。

开创了对近邻星系恒星成分的详细研究，1932年史无前例地在M31中证认出一些球状星团。至今，河外星系中的球状星团仍是天文学中很活跃的研究课题；通过研究星系中尘埃带的不对称性，辨认星系的哪一侧较接近我们，从而得以确定单个星系中旋臂的旋向。

1939年与巴德合作，阐明玉夫座和天炉座球状星云的本质乃是矮椭圆星系。他们还发现了天琴RR变星，这为巴德于1944年提出星族概念提供了至为重要的线索。

首先将蟹状星云证认为中国古书记载的1054年金牛座超

新星的遗迹，此事见诸哈勃1928年发表的通俗文章《新星或暂现星》。

尤其值得一提的是，随着20世纪20年代旋涡星云本质之争宣告终结，一个新问题又出现了，即河外星云是不是宇宙中良好的"里程碑"？抑或只是某种等级式结构中构成更高一级结构的组成部分？答案在于星系随距离分布的方式：如果星系数目与巡天体积成正比，而不像银河系中恒星分布那样有到达边界的迹象，那么星系就应该是分布在空间中的基本单元。为此，哈勃曾尝试检验不同距离上星系分布的均匀性。他利用威尔逊山2.54米望远镜实施一项宏大的观测计划，所得的结果发表在一系列论文中。1931年的第一篇论文，摘要给出了新的星系巡天计数的初步结果。1934年，他在《天体物理学报》上发表了又一篇经典性论文《河外星云的分布》。文中讨论了星系的空间密度，星系的平均质量，以及量级为10^{-30}克/立方厘米的空间物质平均密度等重要问题。

哈勃对于大数学家高斯和德国天文学家施瓦茨希尔德(K. Schwarzschild)所称的"实验几何学"很感兴趣，这可以溯源于他和托尔曼(R. C. Tolman)的合作。1935年，他们两人在《天体物理学报》上发表《研究星云红移本质的两种方法》一文，确定了利用星系计数方法，通过实测推求空间曲率的原理，即检验以适当方式定义的"距离"r为界所包围的体积，究竟是以欧几里得值r^3的速率，还是是以较之更快或更慢的速率而增长。哈勃的尝试最后因星等标度的误差以及后来所知的星系演化效应的严重影响而未获成功。但是，这种方法的概念，以及他的具体计划，却使当代天文学家们深受启迪。星系演化效应的影响，使人们不再把星系计数当作推求空间曲率的主要资料来源。如今的思路是：尽量可靠地测出宇宙膨胀的减速度，据此推算出空间物质密度，并由爱因斯坦广义相对论方程导出相应的曲率。

哥白尼在16世纪确立日心说，使人们认识到地球并不是宇宙的中心，而只是一颗普通的行星，人类的宇宙观念由此发生了革命性的飞跃；18世纪，威廉·赫歇尔建立银河系模型，使人们认识到太阳只是银河系中多少亿颗恒星之普通一员，导致人类的宇宙观念再度发生飞跃，因此他常被誉为“18世纪的哥白尼”；哈勃则将人类的视野引向河外星系世界，使人们明白我们置身其中的银河系只是这个世界的沧海一粟，他是当之无愧的“20世纪的哥白尼”。

哈勃的成就使他获得了许多褒奖和荣誉。他38岁成为美国国家科学院最年轻的院士，英国皇家天文学会聘他为外籍会员。1935年6月美国科学院授予他巴纳德奖章。此奖创始于1895年，每5年颁发一次。以前的获奖者共有8名，其中包括伦琴、卢瑟福、爱因斯坦、玻尔和海森堡，皆为诺贝尔奖得主。哈勃是获此奖章的第一个美国人和第一位天文学家。1938年哈勃在美国获富兰克林金质奖章，1939年又获得英国皇家学会金质奖章等。1934年，他在英国牛津大学作“哈雷讲座”讲演，1935年在美国耶鲁大学作“西利曼讲座”讲演，1936年复于牛津作“罗兹讲座”讲演。1938年，哈勃当选为美国亨廷顿图书馆和艺术馆（该馆英美珍本图书与手稿收藏极丰）的理事。1948年，牛津大学女王学院选举他为荣誉研究员。哈勃晚年担任威尔逊山和帕洛玛山天文台研究委员会主席。1949年末，帕洛玛山口径5.08米的反射望远镜正式投入观测，它的第一位使用者就是哈勃。

哈勃之死和《哈勃传》

1953年9月1日，哈勃夫妇前往帕洛玛山。哈勃在山上工作了三个夜晚，用那架5.08米望远镜拍摄了15张天文底片。“我因自己在设计那架望远镜中所尽的职责而相当自豪。”哈勃对妻子说，并提醒她下一次观测将是从10月2日到6日，共4

个夜晚。

9月28日上午，哈勃在办公室和赫马森谈论新的工作设想。赫马森回忆："当他解释自己脑海里所想的东西时说得很快，甚至不知什么缘故，很着急。"然后，哈勃走回家去吃午饭。格雷斯恰好开着车回家，发现丈夫正沿加利福尼亚大街大踏步地走着，便让他上车。然后他和往常一样问她："你度过了怎样一个上午？"此时离家尚有约150米。行将拐进车道之际，格雷斯不知何故停车向丈夫看了一眼。他笔直向前瞪着眼，表情若有所思而令人迷惑，并通过分开的嘴唇用口呼吸。她觉得奇怪，问道："怎么啦？"

"不要停车，直驶。"他平静地回答，而格雷斯突然惊恐起来。她将车开进院子，下车绕到他坐着的一侧，同时尖声叫喊女管家。不一会儿，他看来已经昏厥，不能对她的呼叫和触摸做出反应，而且脉息全无。格雷斯马上打电话给医生斯塔尔(P. Starr)，后者立即前来，并使她确信，脑血栓的形成几乎是瞬间的，又没有疼痛，"它会在任何时候在任何人身上发生"。

多年前，哈勃曾说过，当这个时刻来临之际，"我希望静悄悄地消失"。格雷斯决定实现他的愿望。没有丧礼，没有追悼会，没有坟墓，铜骨灰匣埋葬在一个秘密的地方。遵照哈勃的遗嘱，他的科学史古籍珍本赠送给了威尔逊山天文台。

63岁的格雷斯决定把余生(实际上还有27年)用于为未来的哈勃传记作者做准备工作，为此她彻底清理了哈勃的论文并整理了他的日记。1954年，她给收藏哈勃论文的亨廷顿图书馆的布利斯(L. Bliss)去信阐明自己的具体想法。在谈到这些素材要等多久才能使用时，她说："我同意你的建议，20年左右。我深信你也一定会同意我的如下两点：(1)作者必须是一位具有充分科学背景的学者，而不是普通传记作家；(2)作者必须是个男人，而不是女人。"

曾有一些人表示要写哈勃的一生，但格雷斯一概拒绝同他们通信或交谈。1980 年 8 月，格雷斯 90 岁了。她大部分时间都躺在医院的病床上，但仍梦想有朝一日能回到自己家中。7 个月后，她也像丈夫那样平静地死于脑血栓。

哈勃去世整整 50 年了，他的业绩历久弥彰。在他身后留下了这样一长串天文学术语：哈勃分类法，哈勃序列，哈勃光度定律，哈勃光度轮廓，哈勃常数，哈勃定律，哈勃半径，哈勃年龄，乃至家喻户晓的哈勃空间望远镜，等等。

2002 年 8 月，身残志坚的霍金(S. Hawking)来华参加第 24 届世界数学家大会，在我国掀起了一阵"霍金热"。确实，能够欣赏霍金的宇宙学理论是一种幸福。然而，假如只晓得霍金而不知道哈勃，那就成了一种悲哀，因为任何一种宇宙学理论，都必须经受哈勃这样的观测家们有关星系世界的种种发现的检验。

霍金的传奇色彩因其严重病残而愈显神奇，哈勃却因其强健的体魄和广泛的兴趣而令人惊异。他身高近 1.90 米，篮球、网球、棒球、橄榄球、跳高、撑竿跳、铅球、链球、铁饼、射击等项目均成绩不俗。早年从牛津回美国后，哈勃曾在新奥尔巴尼中学执教西班牙语，同时还教物理学和数学，以及当男子篮球教练。在芝加哥大学，他是一名闻名全校的重量级拳击运动员。在牛津大学他是校田径赛队员，还曾在一场表演中与法国拳王卡庞捷(G. Carpentier)交手。此外，他又是一名假饵钓鱼能手。

哈勃还是好莱坞明星们心目中的偶像。1937 年 3 月 4 日晚，美国电影艺术学会在洛杉矶举行年度颁奖仪式，该学会主席、奥斯卡奖得主、电影导演卡普拉(F. Capra)邀请哈勃夫妇做客，并向与会者介绍这位世界上活着的最伟大的天文学家。哈勃起立致意，全场掌声雷动。由于媒体和好莱坞的宣传，许多名流都知道哈勃在威尔逊山天文台工作。于是，驱车上山，一睹当时世界上最大的天文望远镜和哈勃本人的风采，便成了明星们的时尚。当然，这种参观必须预约。

1995 年，美国历史学家兼传记作家克里斯琴森（G. E. Christianson）的力作《星云世界的水手——哈勃传》面世，从而为这个世界弥补了缺乏一部权威性哈勃传记的遗憾。2000 年，该书中文版出版。关于哈勃的一切，这部名著能够告诉你的，也许比你原本想知道的还要精彩、丰富得多。

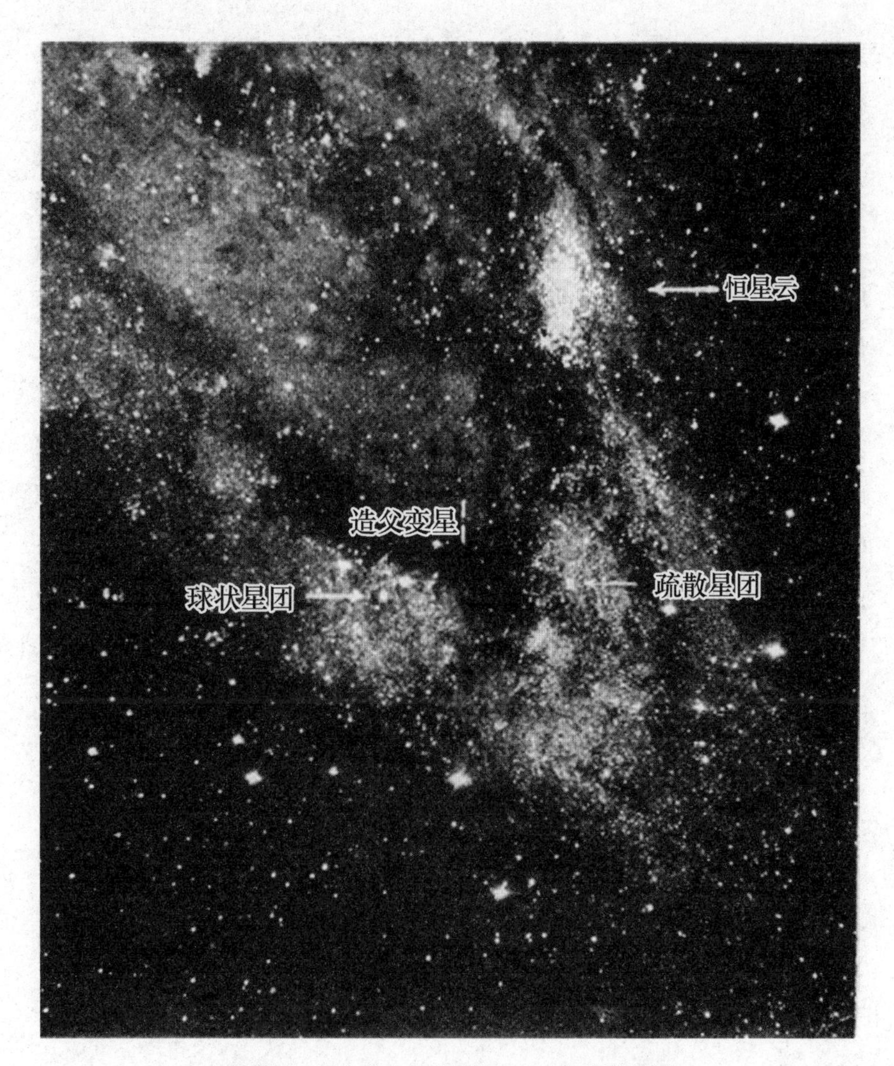

图版 0　仙女座大旋涡星云 M31 的外围区域

图版0说明

仙女座大旋涡星云 M31 的外围区域(疏散星团大约位于星云核西南 48′)。

观测者从围绕着他的恒星群向外望去,越过这个恒星群的边缘并横穿空洞的空间,从而发现了另一个恒星系统——星云 M31。该星云中最亮的天体可以被分别看到,而且观测者可以在它们当中辨识出在其自身所处的恒星系统中已了如指掌的各种不同类型的天体。当这些熟悉的天体身处星云之中时,它们的视暗弱度也就显示出了星云的距离——这是一个如此遥远的距离,以至于光要走完这段行程需要 70 万年时间。

在图版上标示出了一个恒星云(星表编目为 NGC206)、一个疏散星团、一个球状星团以及一个处于光度极大期的造父变星。这颗造父变星的周期为 18.28 天,极亮光度为 18.75 等。

图版由邓肯于 1925 年 8 月 24 日用 100 英寸反射望远镜拍摄;北方位于顶部;1mm=11″.8。

自　序

• *Preface* •

星云世界的新疆域是大型望远镜的一项成就。它首先将星云证认为独立的恒星系统，与我们自己的银河系等量齐观。星云的性质一旦为人所知，估量其距离的方法便迅速发展起来，而新的疆域也就向研究敞开了大门。

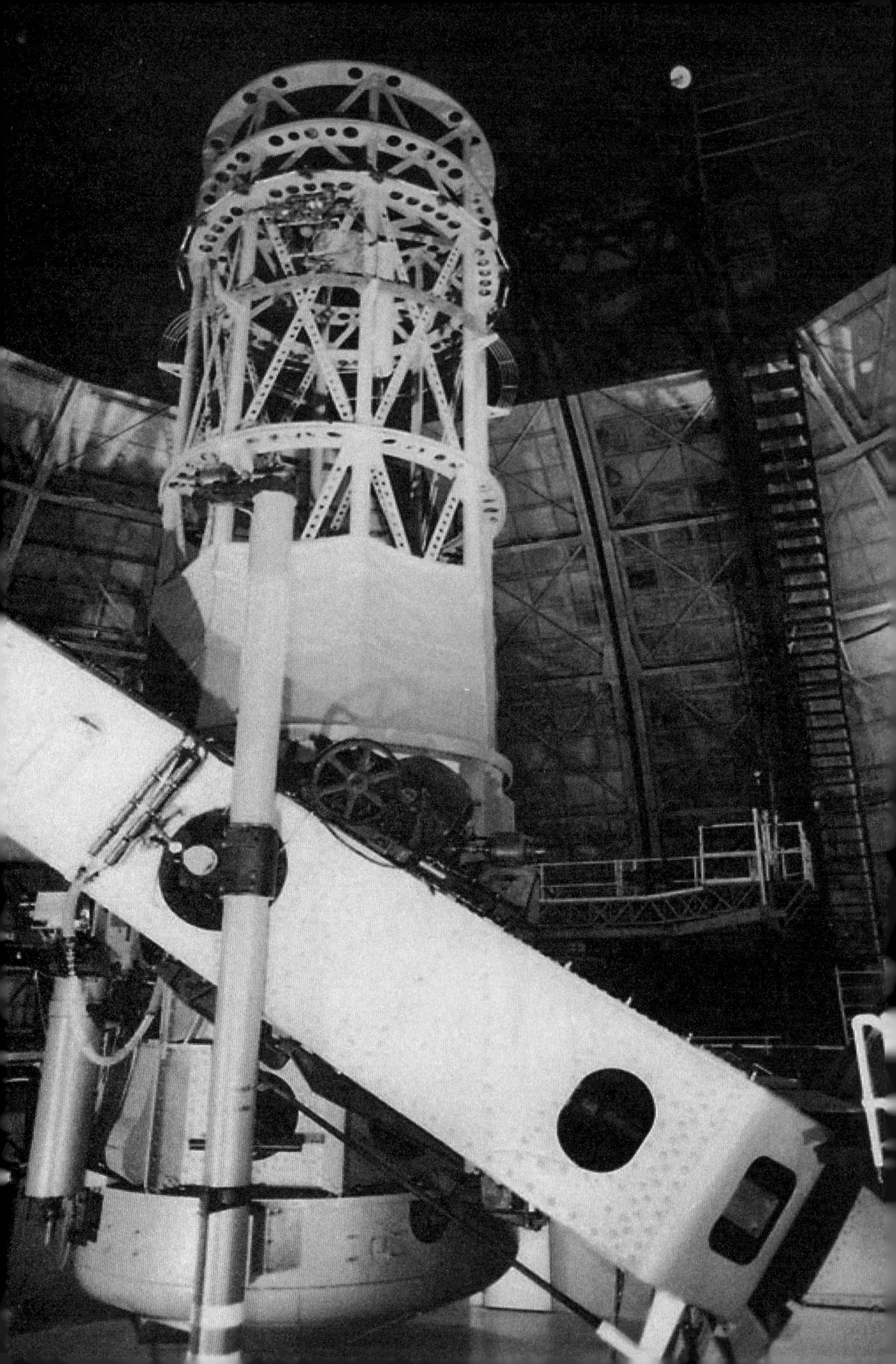

本书包括1935年秋在耶鲁大学发表的西利曼演讲(Silliman Lectures)[①],并附有一章导言。此书主题是星云世界。作为宇宙的组成部分,星云稀疏地分布在宇宙中,用现有的望远镜可以对之加以探索。由于意在面向普通听众,这一讨论必然是不完整的,但目前能够做出明确论述的重要问题大多都已包括在内了。这一主题是以观测者的视角呈现出来的;而大量丰富的理论文献则几乎未被触及。由于有此局限性,此书被认为只是真实呈现了一个尚处于发展进程中的科学研究的典型个案。

作者对所有并不明确归诸他人的内容负责。他诚挚感谢他在威尔逊山天文台同事们的帮助;尤其要感谢贡献了有关星云光谱以及红移的几乎全部最新数据的密尔顿·赫马森,其兴趣与严密的知识涵盖整个星云研究领域的沃尔特·巴德,正在对星云和星团的物理构造进行研究的辛克莱·史密斯(Sinclair Smith)。在宇宙学领域,作者曾有幸向加州理工学院的理查德·托尔曼和茨维基(Fritz Zwicky)请教。与这些人的日常接触已经形成了一种普遍的氛围,在这一氛围下形成的观点不可能总能归于某些特定的源头。在一定意义上来说,个人是代表群体来发表意见的。

星云世界的新疆域是大型望远镜的一项成就。它首先将星云证认为独立的恒星系统,与我们自己的银河系等量齐观。星

◀100英寸胡克反射望远镜

① 西利曼基金会是为纪念西利曼夫人(Mrs. Hepsa Ely Silliman)而设立的。受该基金会资助,耶鲁大学校长和同事们举办了一个年度系列演讲,意在阐明上帝的存在及其在自然与道德世界所显示出的眷顾。立遗嘱人相信,相比于教义神学或是辩论神学来说,自然或历史事实的任何有秩序的呈现可以更为有效地促成这一目标的实现,前者也正因此而被排除在演讲范围之外。主题更多地是从自然科学和博物学领域选出的,尤其注重天文学、化学、地质学以及解剖学。目前的工作形成了25册图书,受此基金会资助出版。

云的性质一旦为人所知，估量其距离的方法便迅速发展起来，而新的疆域也就向研究敞开了大门。

使这一证认确定无疑地得到承认，并将实证知识的范围拓展数亿倍的设备是胡克望远镜——华盛顿卡内基研究院威尔逊山天文台的100英寸反射望远镜。它是已投入使用的最大的望远镜，具有最强大的聚光本领，可以洞穿最远的距离。出于这些原因，它划定了目前可观测空间区域的范围，并已为这片作为宇宙样本的天区之研究贡献了最重要的数据。

正是由于这架100英寸望远镜在星云研究进展中所起到的独一无二的作用，本书插图几乎全都是这台巨大望远镜所拍摄照片的复制品。唯一的例外是图版Ⅻ以及图版Ⅰ和Ⅱ的部分内容，它们是100英寸望远镜的同伴——威尔逊山天文台的60英寸反射望远镜所摄照片的复制品。这些复制品是由费迪南·埃勒曼(Ferdinand Ellerman)和爱迪生·霍格(Edison Hoge)在该天文台复制的。

最后，作者希望向亨廷顿图书馆(Huntington Library)的戈弗雷·戴维斯(Godfrey Davies)表达谢意，他曾批评过本文的形式。他的好心介入极大减少了读者将会遇到的麻烦，否则情况将会完全不同。

埃德温·哈勃

威尔逊山天文台

1936年2月

导 言

· *Introduction* ·

> 今日之圣徒未必比一千年前的圣徒更加神圣，我们的艺术家未必比早期希腊艺术家更加卓越，他们也许略逊一筹。当然，我们的科学中人也未必比古人更聪明，但有一件事是确定无疑的，他们的知识不但更为广博，也更为精确。
>
> ——乔治·萨顿[①]

---

① 乔治·萨顿(G. Sarton，1884—1956)，现代科学史学科奠基人之一。他提出了科学史处于文明史核心地位的观点，创立了科学史学科，并为现代科学编史学的形成打下了坚实的基础。此外，他还提出了科学人性化的主张，成为科学人文主义思潮的首倡者。

科学探索

科学是一项真正渐进的人类活动。一整套成体系的实证知识被一代一代地传递下来,而每一代都对这个处于成长中的体系有所贡献。牛顿说:“如果我看得更远,那是因为我站在巨人的肩膀上。”[①]如今,最不起眼的科学中人也可以将一片更为广阔的景象尽收眼底。即使是巨人们在这个将他们的成就吸收其中的伟大体系面前也会显得矮小。牛顿在今天可能会看到些什么?我们不得而知。而明天或是此后一千年,甚至我们的梦想都可能被遗忘。

科学这一值得注意的属性代价极高——主题的严格限定。“科学”,正如坎贝尔(Campbell)所评论的,“涉及的是那些有可能达成普遍共识的判断”[②]。这些数据并不是独立事件,而是事件或属性的常数关系,它们被称作科学定律。共识是借由观察与实验而获得的。这些检验相当于置身事外的权威,所有人为了继续从事此业都必须承认它——若非以言辞方式便是以行动为之。

既然科学仅仅处理此类判断,那么它必定被排除在价值世界之外。那个世界并无公认的置身事外的权威。每个人都诉诸他们各自内心的神灵,而且并没有公认的高等上诉法院。智慧是个人成就,很难传递。萨顿写道:

◀柏拉图学园

① 萨顿(Sarton)将这一说法追溯到了1126年去世的伯纳德(Bernard of Chartres)。*Isis*, No. 67, 107, 1935.

② Norman Campbell, *What is Science*? (1921), p. 27;经作者与出版商(Methuen, London)同意引用。

> 今日之圣徒未必比一千年前的圣徒更加神圣，我们的艺术家未必比早期希腊艺术家更加卓越，他们也许略逊一筹。当然，我们的科学中人也未必比古人更聪明，但有一件事是确定无疑的，他们的知识不但更为广博，也更为精确。实证知识的获得与系统化是唯一的真正积累与进步的人类活动。[①]

当被用在它们专属的领域之内时，科学的独特方法是高效且强大的。该领域的范围是封闭的，而且因为必须得在此主题上达成共识而被划定了边界。的确，这些方法是如此成功，以至于经常不断地被尝试应用到其他领域——用到对那些被认为应当如此而非原本如此的事物的研究上。结果则很少能令人信服。价值的计算——如果它被公式化了的话——或许与科学的演算几乎没什么共同之处。不过，科学研究的氛围——公正而无偏私的求知欲、有克制的想象力以及对客观试验的热情——绝不是独一无二的。它可以——并且常常——在那些科学的方法被排除在外的领域产生确切的影响。科学中人乐于相信，这种影响通常是有益的。科学的独特方法将在下文加以讨论，不过它的特征经由这一评论而得到描述，即科学试图发现规律并用理论去解释这些规律，终极目标是理解我们身处其中的世界的物理结构和运行方式。[②]

实际上，研究是以多种方式来进行的，其中两种方式可以作为典型例子被提及。一个强调观察方法，另一个强调理论上的观点。观察者一般开始于对一组孤立数据及其估算误差的积累。该材料通常是利用绘图法得到研究，而不同物理量之间的关系会被找到。

比如说，这些数据可能包括星云的视光度以及它们的光谱

---

① George Sarton, *Introduction to the History of Science* (1927), I, 3.

② 要深入加以讨论，尤其是关于上述所用之“解释”一词的意义，读者可参阅坎贝尔的《科学是什么？》(*What is Science?*)。

中的红移。这些术语将在稍后解释；现在它们可以仅仅被当作是两个可测量的物理量 A 和 B。如果参照一个物理量标绘出另一个物理量，这时出现的情况是，红移量大体上会随着光度的减弱而增加——星云越暗弱，红移量越大。即使是以这种定性化形式，结论也是重要的，但如果该关系的精确形式能以数值方式建立起来的话，其重要性就会大大增加。

这些被标绘出来的点构成了一个散点图，通过它，可以绘制出很多不同的相关性曲线，所有这些曲线都会以一种相当令人满意的方式来表示特定的数据。观测者从可能的关系式中选出与普遍知识体系相符的最简单的一个。在尚处于讨论中的特别情况下，被采用的关系——正如将在稍后出现的一样——与红移同距离之间的一种线性关系相符，就像星云的暗弱程度所表现出的那样。

这个关系似乎很有道理但并不是唯一的。真实的关系可能是一条曲线，它在观测所及的范围之内几近直线，但在超出其中最暗弱的星云之外的区域则与直线相去甚远。这一可能性是通过这一方式得到研究的：对被采用的关系进行外推——将其远远扩大至迄今未观测的区域——并以新的观测对其加以检验。这样一个过程常常会导致在最初选定的关系式中做出较小的，或者甚至是较为重要的修正：研究曾被认为是通过逐次近似计算法而向前推进的。不过，在对红移的研究中，并未确切显示出任何的修正。该线性关系经受住了对这一性质的重复检验，并且我们所知的是，至少在近似的意义上来说，它在使用现有设备所能观测的空间范围内是有效的。

这一研究因此导致了一个新的定律——远至某一限定距离范围内，红移是距离的一个近似线性函数。在观测极限之外，函数的形式或者说关系是推测性的。因此，这一定律是经验性的，而且在它得到某一公认理论的解释之前，必定一直都是经验性的。[①] 某些学者认为，恰当的理论已经被公式化了，而且在他们看来，它们可能是正确的。这个问题将会通过更深入的研究而得到解决。

红移的特殊个案——或者更确切地说是上述研究的简化形式——已经得到相当详尽地讨论，因为它给出了有关观测方法的一个极好的实例。一组单独的数据得到研究，而结果则根据普遍知识背景得到解释。紧随其后的步骤是外推、验证以及适当的修正。这些观测以及表示出它们关系的定律是对知识体系的永久贡献；这些阐释及理论会随延伸的背景而变化。该研究向外一路拓展，并且围绕着一个特定的内核——实证知识领域——逐步拓展可观测区域。在这一知识范围之外是推测的领域。观察者如果敢于冒险进入这片领域，便只能将他根据经验得到的关系远远抛开，并且寻找与由其他内核推得的结果不一致之处。

理论研究者运用的是另一种研究方法，对由观测者所确立的单独的、基于经验的规律加以研究。他从其中探求某种共同之处，也就是某种归纳，通过它，研究者可以将观测到的各种不同的关系汇集成为一个统一的表述。简而言之，他力求发明一个理论以解释这些规律。得到这个理论的途径也许是逻辑，或者是直觉——所使用的方法是无形的。重点在于解释已被观测到的关系以及预言新的关系之能力。

某一基本理论以及可以轻易由之推出的各种关系构成了一个相容一致的模型，它可以被应用到宇宙的某些方面，甚或被应用到作为一个整体的宇宙。作者将其模型投射到身外的宇宙，以观察此二者是如何严密相符的。已知的经验规律必然会依序

① 在距离约 2.5 亿光年之处，红移是可以被直接测量出来的。远至约 4 亿光年的距离，这个线性关系与普遍（观测）知识体系是相符的。超出这一范围之外——在这里，观测数据无法得到，这一推断必须通过它与公认理论的一致性得到检验，而且这些尚未以检验所要求的具体形式得到确立。

出现——如果作者有能力的话，新的规律也可以得到预言。这场冒险的成功在很大程度上依赖于被预言的关系得到证实。假如这样的检验并无可能，那么该模型的价值就必须得由它在已知但迄今尚不相关的现象中提出的规则与相似性来得到量度。除非这种系统化具有高阶特征，否则这个理论将会被看作是猜测。

大量的理论被公式化，但只有极少数能经得住检验。一般来说，幸存下来的理论必定时不时地被加以修正，以与不断发展的知识体系相符。理论化的能力极具个人色彩；它与艺术、想象力、逻辑以及其他种种密切相关。一位杰出的天才人物可能会发明出一种成功的新理论；第一流的人物可能效仿此道，并提出基于相同模式的其他理论；能力稍逊的头脑则因检验预言的惯常做法而陷入困境。

理论研究者的工作常常是从周边向中心推进，而观测者的工作则从中心向周边推进。后者向外推演，而前者在某种意义上来说则是向内推演。如果二者相一致，它们就会激励对普遍模型之重要性的某种信心。

这种区别并不总是像前述讨论所显示出的那么明显。几乎所有的研究都兼有两种思路的方法，尽管它们所呈现出的比例是不同的。研究者试图去满足他们的好奇心，并且惯于运用任何可能有助于他们朝向那个模糊目标挺进的合理方法。为数不多的普遍特征之一是对未经证实的推测的合理怀疑。这些都被看作是某种谈资，直至检验方法可能被设计出来之时。只有到那时，它们才名正言顺地成为可供研究的课题。

当下的作者首先是一名观测者。随后的章节所描述的是天文学研究的一个新阶段——星云世界的探索——的进展。重点放在观测数据，即已经被整合到一起的实证知识，而非解释，无论是理论上的解释还是猜测性的解释。后者已经在通俗读物中得到充分开发，大量图书被撰写出来，其中一些激发了想象力。观测数据大多悄无声息地居于专业期刊之中。本书中的参考文献主要限定在最初的原始数据，而非对数据的再讨论。

大量的原始资料可能会令普通读者感兴趣。它以一种相当简单的形式呈现了科学研究的一个典型个案。即使没有广泛的专业词汇的预先准备，也可以对这一少有人知的活动有所了解。这个课题是新起的，数据是粗略的，在形成期过度讨论的风险被充分地认识到了；因此，数据处理通常是直接的，没有精确定量化研究的情况下所使用的复杂设计。比方说，数据的分析几乎总是以图解方式而非数学方式进行的。自然地，在原始材料中也会经常碰到某些专用名词。其中几个用起来是如此方便，因而会在现在这本书里通篇使用。有关它们的解释对随后的章节来说是个必不可少的入门性介绍。

天文学语言

天文学像其他学科一样有它自己的精确定义的专业用词和习惯用语。这些名词所表达的意味总是相同的，而且也不会使用其他词来代替。多样化是为了精确性而被舍弃的。其中一些名词历史久远。这些字词本身很常见，但技术性定义与一般日常用法相去甚远。另外一些名词是新近增加的，它们被谨慎地设计出来以尽力避免相关概念的混淆。其结果是一个对于普通读者来说如此陌生的词汇表，以至于科学报告——其中很多算是比较简单的——看来似乎是犹抱琵琶般地不清不楚。将之转译为非专业话语是一门很难的技巧，而且使用一些似是而非的熟悉的词句，这一做法的好处不明，却常常让含意变得模糊。正是由于这个原因，少数几个较为常见的名词将会在纯技术层面上去加以使用。它们仅限于距离单位和光度单位以及某些类型的变星——无论它们是在哪里被发现的，都可以通过它们的行为而被辨识出来。紧随其后的是术语词汇表，最后以对星云一词的简要讨论结束本章。

距离单位

偶尔会用到英里和千米(1 英里=1.6 千米),但巨大的距离是以光年(light-years,l. y.)或秒差距(parsecs,par.)来表示的。光年只是光在一年里所走过的距离。由于光速约为 186000 英里/秒,则一光年换算成英里大约就是 6 后面跟着 12 个 0(5.88×10^{12} 英里$=9.46\times10^{12}$ 千米)。

来自月球的光约用 $1\frac{1}{3}$秒抵达地球;来自太阳的光约用 $8\frac{1}{3}$秒抵达地球;来自最远的大行星——冥王星的光大约 6 小时抵达地球。最近的恒星[半人马座 α (Alpha Centauri)]距离 4.3 光年;最近的星云(大麦哲伦云)大约距离 85000 光年;已被拍摄到的最暗弱的星云(100 英寸反射望远镜的极限)平均距离大约为 5 亿光年。

除了比较近的恒星之外,距离不可能被精确测定。10%的误差就被认为是很小的了,25%的误差所表示的则是处于允许范围内的精确度。在这样的条件下,距离一般用约整数表示,仅用一或两个有效数字。

秒差距一词是新造词语,用来表示视差为 1 角秒时所对应的距离。这个单位在很多计算中使用便利,因此在专业论文中被普遍使用。在随后的章节中仅在极少情况下使用它,而且在这些情况下,距离还会以光年来表示(1 秒差距=3.258 光年)。

对于那些也许会感兴趣的人来说,推导过程如下。天文单位(在本书中未被使用)为日地平均距离,即 9.29×10^{7} 英里$=1.49\times10^{8}$ 千米。一个天体的视差就是,当从天体所处距离被看到时,一个天文单位所张开的角度。现在,一个一角秒的角度所对应的天体,其距离是其直径的约 206000 倍。因此,秒差距约为 1.92×10^{18} 英里,或者如前所述,约 3.258 光年。

较近的恒星，其视差是在地球绕日轨道的两个相对的位置上利用直接三角法测量的。已知最大的恒星视差，也就是半人马座 α 的恒星视差约为 0.75 角秒[①]（距离 $=1\frac{1}{3}$ 秒差距 $=4\frac{1}{3}$ 光年），那么，0.01 角秒（距离 =100 秒差距 =326 光年）的视差可以以合理范围内的精确度得到测量。很多用以估计更大距离的间接方法就是用这些直接测定的距离来校准的。

视星等

光度是用星等来表示的。这一用法是沿袭传统而来，而对光度等级的精确校准则是现代的。古代天文学家记录恒星的视光度主要是用来作为他们辨识恒星的辅助手段。最早的分类法可能是按自然所见分成几组：明亮的、中等亮的以及暗弱的。后来，每组可能又被细分为两部分。无论如何，现在最古老的恒星星表使用了一种 6 等分类法——该星表是在形成于公元 2 世纪上半叶的托勒密《至大论》（*Almagest*）中给出的。这个方案一直沿用至近代，并且为目前的等级系统提供了基础。

这些分组后来就被称为星等。最亮的恒星中大约 15 颗被归入一等，而用裸眼可见的最暗弱的恒星则是六等星。中间五个等级表现出的光度比大致相等。每星等都以大致连续但未确定的系数比下一星等更亮或更暗，这一系数如今已知约为 2.5。因此，一等星比二等星亮大约 2.5 倍，比三等星亮 $(2.5)^2=6.25$ 倍，比四等星亮 $(2.5)^3\approx16$ 倍，比五等星亮 $(2.5)^4\approx40$ 倍，比六等星亮 $(2.5)^5\approx100$ 倍。这个方案是凭直觉得到的，因为根据现在被称为费希纳刺激定律（Fechner's law of stimuli）的关系，眼睛所能辨别出的是相同的光度比而不是相同的光度增量。

---

① 这个角大约相当于在 3 英里远处的一枚一角硬币（dime）所张开的角度。

托勒密的星等被几乎未加批判地接受达几个世纪。甚至是在近代，在对视光度的独立估算开始积累，全部星等被划分为二等、三等以及十等之时，相同的体系也被广泛使用。用望远镜能看到的恒星被划入大于 6 的星等。最终，当人们认识到一个精确的统一标准的重要性，常数因子或光度比的值得到了仔细的研究。这些结果彼此之间差异非常大，但在大多数情况下，它们大约为 2.5。最后，在 1856 年的时候，牛津大学拉德克利夫天文台（Radcliffe Observatory）的普森（Pogson，1829—1891）提出了一个获得普遍赞同的建议。他说，作为一个任意但使用很方便的比例值，让我们采用 2.512…这个数字，其常用对数（common logarithm）[①]正好就是 0.4。[②] 假定一等星正好比六等星亮 100 倍，这个范围被分作比例相等的五级。100 的对数，也就是 2.0，被 5 除得到 0.4，这也就是连续星等之间的光度比的对数。

这个等级体系如今仍在使用，而它与更为古老的星表中所使用的等级系统并无太大不同。零点星等（zero-point）已经国际一致同意被采纳，以与业已发表的位于北天极附近天区的一个标准恒星序的某些星等相符。其他恒星的星等通过直接或间接与这个标准星序相比较而得到确定。

星等不是与光度而是与光度的对数成正比。如果一颗星等为 m_0 的标准星光度为 L_0，那么光度为 L 的其他任意恒星的星等 m 可以通过关系式

$$0.4(m-m_0)=\lg(L_0/L)$$

$$m=m_0+2.5\lg(L_0/L)$$

① 除了简单的线性方程（等式）以及常用对数而非指数的使用之外，本书并未将数学包含其中。某一数字的常用对数只是用来表示该数字的 10 次幂。因此，对于任意（正）数 a，对数被定义如下：$a=10^{\lg a}$。换言之，如果 $a=10^b$，则 $b=\lg a$，a 有时被称作 b 的逆对数。上面提到的量 0.4 是 2.512…的对数，因为 $10^{0.4}=2.512\cdots$。

因为星等是光度的对数函数，且光度是作为距离的一个幂而变化的，因此，使用距离、红移或是其他特征的对数通常会很方便，这是为了以简单的线性方程而非更加复杂的表示法去表示关系。

② *Monthly Notices of the Royal Astronomical Society*, 17, 12, 1856.

得到。

这个方案方便实用，因为光度比 L_0/L 可以很容易且精确地测得，尽管单个光度的绝对值 L_0 和 L 很难确定。

有两点应予注意。第一，星等增长缓慢而相应的光度比增长迅速。因此，星等上相差 0.1 等就相当于 1.1∶1.0 的光度比，而星等相差 10 等则相当于 10000∶1 的光度比。对应值简表突出强调了这一关系。

表 1　星等差与光度比

$m-m_0$	L_0/L	$m-m_0$	L_0/L
0.1	1.1	5.	100.
0.5	1.6	7.5	1000.
1.0	2.5	10.	10000.
2.0	6.3	15.	1000000.
2.5	10.0	20.	100000000.

第二点是星等的数值随光度的减弱而增加。星等反映了暗弱程度。一个很大的星等，比如说＋20 等表示的是一颗非常暗弱的恒星，而一个小星等，比如＋0.1 等表示的是一颗明亮的恒星(织女星)。更加明亮的光度由负星等表示。天上最亮的天体也就是太阳的照相星等约为－26 等；满月约为－11 等；金星约为－3 等。两颗恒星有负星等——天狼星为－1.6 等，老人星约为－0.5 等。与此不同，恒星的星等都是正数(那些偶发的新星在达到极亮值前后时的星等除外)。用最大的望远镜拍摄到的最暗弱的恒星为 22 等，或者说比天狼星暗大约 30 亿倍。

星等系统有很多，但全部都建立在相同的等级标准基础上，即

$$m=m_0+2.5\lg(L_0/L)$$

这里，m_0 是任意定义的。这些系统可以通过给 m 这个一般记号加上适当的下标而加以区分。因此，m_{pg} 就代表照相星等。不过，由于在随后的章节中几乎完全使用这一体系，因此下

标将被删掉，而 m 这个字母从这儿开始将仅被用来表示照相星等。

这些量所代表的是蓝紫光度。视星等或几近仿视星等显示的是黄色光度。一颗红色星以肉眼观察看上去要比照相更亮，而对于一颗蓝色星来说，这个关系正好相反。因此，视星等与照相星等之间的星等差——被称为色指数(color-index，C. I.)——可以反映出某一天体的颜色。这两个星等系统会被加以调整，以使白色星的色指数为零(光谱型为 A0)。因此，一颗蓝色星的色指数为负数，而一颗黄色或红色星的色指数为正数。正常恒星的色指数范围约为 -0.4 至 $+2.0$ 等，虽然在这个范围之外也可能找到例外的情况(比如颜色非常红的 N 型星)。太阳是一颗黄色星，它的色指数约为 $+0.6$ 等。

到目前为止所讨论的星等被称为视星等，并且用符号 m 表示。它们表示天体出现在天空时的光度，反映了距离与本征光度(或烛光)的组合。例如，一颗视星等为 11($m=11$)的恒星可能是一颗距离很近的矮星，或距离很远的巨星，或者是任意中等条件的组合。

绝对星等

本征光度用绝对星等来计量，以符号 M 来表示。它们与视星等的等级标准相同，而且如前所述，它的零点是随意定义的。实际上，绝对星等 M 只是一个天体位于与观测者相距某一标准距离时所呈现出的视星等。根据定义，标准距离是 10 秒差距或 32.6 光年。当位于这一距离时，较为暗弱的矮星不可能用裸眼看到，太阳刚刚好可以被轻松地看到，最亮的巨星会比金星更亮且在白天可见。中等的星云看起来会比满月还要亮上数倍。

在 32.6 光年这个标准距离处，$m=M$。在任意其他距离处，$m-M$ 这个差是一个已知的距离函数(事实上，它有时候被

称为距离模数)。这个关系是

$$\lg d(\text{秒差距})=0.2(m-M)+1$$

或

$$\lg d(\text{光年})=0.2(m-M)+1.513$$

现在 m 在任何情况下都可以被观测到。因此,如果 d 或 M 这两个量中任意一个是已知的,则另一个就可以很容易地被计算出来。遥远距离的估算方法几乎完全建立在这个简单的关系式基础之上。不同类型的恒星的绝对星等已根据距离已知的天体而被确定。因此,无论恒星的类型在何处被辨识出来,视星等都可以得到测量,而距离可以从 $m-M$ 这个差推得。

造父变星周光关系

这个方法的其中一种应用对星云研究有着特殊影响。相关的恒星根据该类型的典型样本造父一(Delta Dephei)的名字被命名为造父变星。它们是脉动变星,迅速变亮而慢慢地变暗,连续不断地重复这一周期而不差分毫。这个周期(循环持续的时间)对某一颗个别的星是不变的,但不同的星之间各有不同,从一天左右到100天不等。光度变化对于某一颗特定的星也是不变的,但会在大约0.8等至2.0等这一范围之内变化。根据这些特征,造父变星无论在何处被发现都可以被很容易地辨认出来。

在银河系的恒星当中有数十颗造父变星是已知的,但它们分布得非常稀疏,而且即使是最近的造父变星也离地球非常遥远。因此,确定距离和绝对星等绝非易事。在它被彻底解决之前,一个新的有着特殊重要意义的特征在小麦哲伦云的造父变星中被发现了。

小麦哲伦云是一个独立的恒星系统,也是银河系的近邻——实际上是银河系的一个伴星云。它为研究与观测者大致距离相等的一组恒星样本提供了一个独一无二的机会。它是如此遥远，以至于只有较为明亮的恒星（巨星和超巨星）才能被观测到，但这个劣势被这一事实完全抵消了，即在这个星云之内，相对视光度也就是相对绝对光度。[1]

在哈佛大学天文台所开展的星云研究导致了数百颗变星的发现。某些变星得到了细致的观察，其中大多数被证认为造父变星。早在 1908 年，做此研究的莱维特小姐就注意到，最亮的造父变星比较为暗弱的造父变星周期更长（脉动得更为缓慢）。1912 年[2]，她宣布了一个明确的周光关系。这些周期的对数正好随中位星等（最大值与最小值之间的中点）而增加。因此，如果星云中任意一颗造父变星的周期已知，则视星等也就可以确定了。这个关系显然反映了造父变星的某些固有特征，这些特征可能在所有此类星中都会被找到，无论它们可能处于何种位置——在星云里，在银河系中，或是其他什么地方。如果这个关系可以在数字上做出定标——如果对应于任一周期值的绝对星等可以得到确立的话，那么造父变星——既然能如此容易得到证认——也就为遥远距离的估算提供了一个强有力的方法。

赫茨普龙[3]立刻就看出了周光关系的全部意义，他在 1913 年进行了最初的定标。他根据 13 颗银河系造父变星的视差动（parallactic motions，太阳在恒星背景中运动的反映）确定了它们的平均距离。个体的距离非常不确定，但这个集合的平均值非常可靠，并且给出了与某一特定平均周期相对应的平均绝对星等。这些数据使他有可能对周光关系做出定标，对星云的距

---

① 由于星云的直径相对于它的距离而言很小，因此对于这个星云中的所有天体来说，$m-M=$常数。所以，$M=m-$常数，m 的差值也就相当于 M 的差值（$\Delta M=\Delta m$）。随后，如果少数几颗星（造父变星）的这个常数值被确定了的话，星云的距离及其大量成员星的绝对星等即刻便可知晓。

② 有关更早时候的论述可见 *Harvard College Observatory Circular*, No. 173(1912).

③ *Astronomische Nachrichten*, 196, 201, 1913. 罗素（Russell）此前曾得出大致相同的 13 颗造父变星的平均绝对星等，但未给出任何细节，周光关系也未得到讨论（*Science*, 37, 651, 1913）。

离做出暂时性的估算，并检视造父变星在银河系的分布。

五年后的1918年，沙普利[①]重新做了计算，并对这个定标做出了重大修正。由沙普利所做的稍后的更改促成了目前形式的周光关系。更进一步的修正被认为意义不大。因此，无论一个造父变星可能会在哪里被找到，其周期都将反映出它的绝对光度，而视暗弱度则反映了它的距离。星云的可靠距离最早正是利用这一方法被确定的。

星云与河外星系

作为太阳系范围之外的天空中永久不变的云雾状天体的名字，星云这个天文学名词已流传了几个世纪。对这些天体的解释曾发生过频繁变化，但这个名字一直都在使用。人们一度认为所有的星云都是恒星群或恒星系统；后来又发现某些星云是由气体或尘埃组成的。随着新的理论逐渐形成，各种不同的新名字被提了出来，但这些名字大都没有流传下来。只有一次修订已成永久：用中等倍率的望远镜可以轻易加以分解的某些星群，以及银河系中明显居于从属地位的成员，已经被从星云名录中撤销，从而形成了一个截然不同的单独的天体类别。

目前，星云这个词被用来表示两种完全不同的天体。一是由尘埃与气体组成的云雾状天体，它们的总数并不多，分布在银河系的恒星中间。这些天体已被命名为河内星云。另一种则是剩下的那些天体，数以百万计，它们如今被识别出是独立的恒星

① "Contribution of the Mt. Wilson Observatory", No. 151; *Astrophysical Journal*, 48, 89, 1918. 沙普利排除掉13个银河系造父变星中反常的两例，但他推得的对于某一给定周期的M的平均值仅比赫茨普龙所发现的值明亮0.2星等。这一校准中的实质性修正很大程度上是由有关造父变星颜色的新信息所引起的。明亮的银河系造父变星的星等是视星等，而星云中那些暗弱的变星的星等则是照相星等。沙普利已经发现了周期与颜色之间的关系，并且能够很有把握地将一个星等系统归算为另一个星等系统。

系统，分布在银河系之外的宇宙空间。这些天体已被命名为河外[①]星云(extragalactic nebulae)。本书沿用这一命名，除了这一点之外：既然河外星云是如此频繁地被提到，这个形容词将被省略掉。因此，除非有其他具体说明，星云这个词将仅仅意指河外星云。

一些天文学家认为，既然如今已经知道星云是恒星系统了，那么它们应当被冠以其他并不隐含着云或是雾状物之意的名字。这一修改可能是有用的，但是到目前为止并没有完全合适的可供选择的名字被提出来。最经常被加以讨论的提议就是恢复使用“河外星系(external galaxy)”[②]这个词。

星系(galaxy)的权威性定义是银河(Milky Way)，而这个字，尤其是它的形容词形式 galactic 也是在这个意义上被使用。但一种转借的比喻用法也已进入文献中了。银河系(galactic system)从前曾被认为与其最显著的特征以及被用来表示作为一个整体的恒星系统的星系一词是等同的。那些依循这一做法的人一般会将其他的恒星系统称作河外星系。

这个词有某些不合理之处。在字词用法上力主保持传统的人会说，我们自己的恒星系统是银河系，但并不是星系；某一独立的恒星系统既非此也非彼。而且，虽然旧词新意有时使用起来很方便，但继续两个含意同时使用则并不可取。不过，词语的使用并不总是由逻辑决定的。已被接受的定义可以被丢弃，而旧词翻新再次起用也可能盛行。无须预言。星云一词呈现了传

① 伦德马克(Lundmark)提出的“银河系外的(anagalactic)”这个形容词经常被瑞典写作者所使用，不过它在美国用得不多。

② 这个词零星出现在19世纪的文献中，在较为通俗的天文学中一定程度上很流行。后者的一个例子是《天空的结构》(*The Architecture of the Heavens*，作者 J. P. Nichol)，该书在1838年首印之后出现过许多版本。1851年的第9版是最有趣的一版。它被题献给罗斯伯爵夫人(Countess of Rosse)，并且用生动的词语介绍了用罗斯伯爵(Lord Rosse)的6英尺口径反射望远镜所做的早期观测。罗斯在一封信中表示他对猎户座星云已被分解深信不疑，这封信也被收入此书。尼科尔(Nichol)宣称，星云就是河外星系，并介绍了某些球状星团作为显著例证。

统的价值；星系一词则呈现了浪漫传奇的魅力①。

个别星云的命名

个别的星云通常是由它们在梅西耶(Messier，1730—1817)星表和德雷尔(Dreyer，1852—1926)星表中的数字来命名的。18世纪下半叶，梅西耶②编订了一个包含有103个明亮星团与星云(河内河外的都有)的星表，这些引人注意的天体还是通过它们在梅西耶星表中的编号而被知晓的。大约32个河外星云被包括在内。比如三角座中的大螺旋星云就是梅西耶星表33号，也就是M33。

德雷尔的新总表——通常被称作NGC——是对1887年底已知的全部(银河系以及河外)星团和星云的汇总。两个附录——索引星表(Index Catalogues，IC)——列出了直至1907年底的名录。③ 由于第二个附录中的编号方式是与第一个附录中连续的，因此没有必要将两个索引星表区别对待。新总表中的7840个天体以及索引星表中的5386个天体中，绝大多数都是河外星云。总体来说，新总表中的星云比索引星表中的星云更亮，而且新总表中当然收入了梅西耶星表中的天体。因此M33也被称为NGC598。

自1907年以来，被拍照记录的星云成员增长得如此之快，

---

① 《牛津英语字典》(*Oxford English Dictionary*)给出了已被接受的星系的定义("环绕天空的一条明亮发光带或路径……；银河")，并称转借的、比喻用法是"现在主要用来指一群美女或显赫人物等有才气的人"。

② 梅西耶最终的星表发表在1784年的《天文年历》(*Connaissance des temps*)中。一份天体研究发现目录以及适合的参考文献可见Shaply和Davis, *Publications of the Astronomical Society of the Pacific*, 29, 178, 1917.

③ 新总表(NGC)可见*Memoirs of the Royal Astronomical Society*, 49, 1, 1890. 索引星表(IC)可见*Memoirs of the Royal Astronomical Society*, 51, 185, 1895以及*Memoirs of the Royal Astronomical Society*, 59, 105, 1910.

以至于总表的汇编既不实用,重要性也不够。很多名录都是为了特别的目的而编订的,而只有一个星表在普遍意义上覆盖了全天。后者是哈佛对光度在 13 等以上星云的巡天①,它包括 1249 个天体(1188 个 NGC 星云,48 个 IC 星云,13 个其他星云)。个别未列入星表的星云是以它们在天上的位置或是参照某些坐标普遍为人所知的天体来命名的。

---

① A Survey of the External Galaxies Brighter than the Thirteenth Magnitude, Harvard College Observatory, *Annals*, 88, No. 2, 1932.

法国巴顿维尔镇梅西耶纪念碑

第一章

空间探索[①]

• *Chapter* Ⅰ *The Exploration of Space* •

恒星系统由一大群恒星组成，这些恒星在空间中相隔甚远。它们缓慢地在空间移动，就像一大群蜜蜂在夏日的天空缓缓飞过。我们从自己所在的位置——这个系统之内的某个地方——细细打量这群星星，望出边界，望向宇宙更深处。

① 这篇星云研究概述可与截至1928年底所获结果“进展报告”相比较，该报告以相同标题发表在1929年5月的*Harper's Magazine*。经Harper & Brothers准许，稍早前报告中的某些材料也被放进了现在这篇概述中。

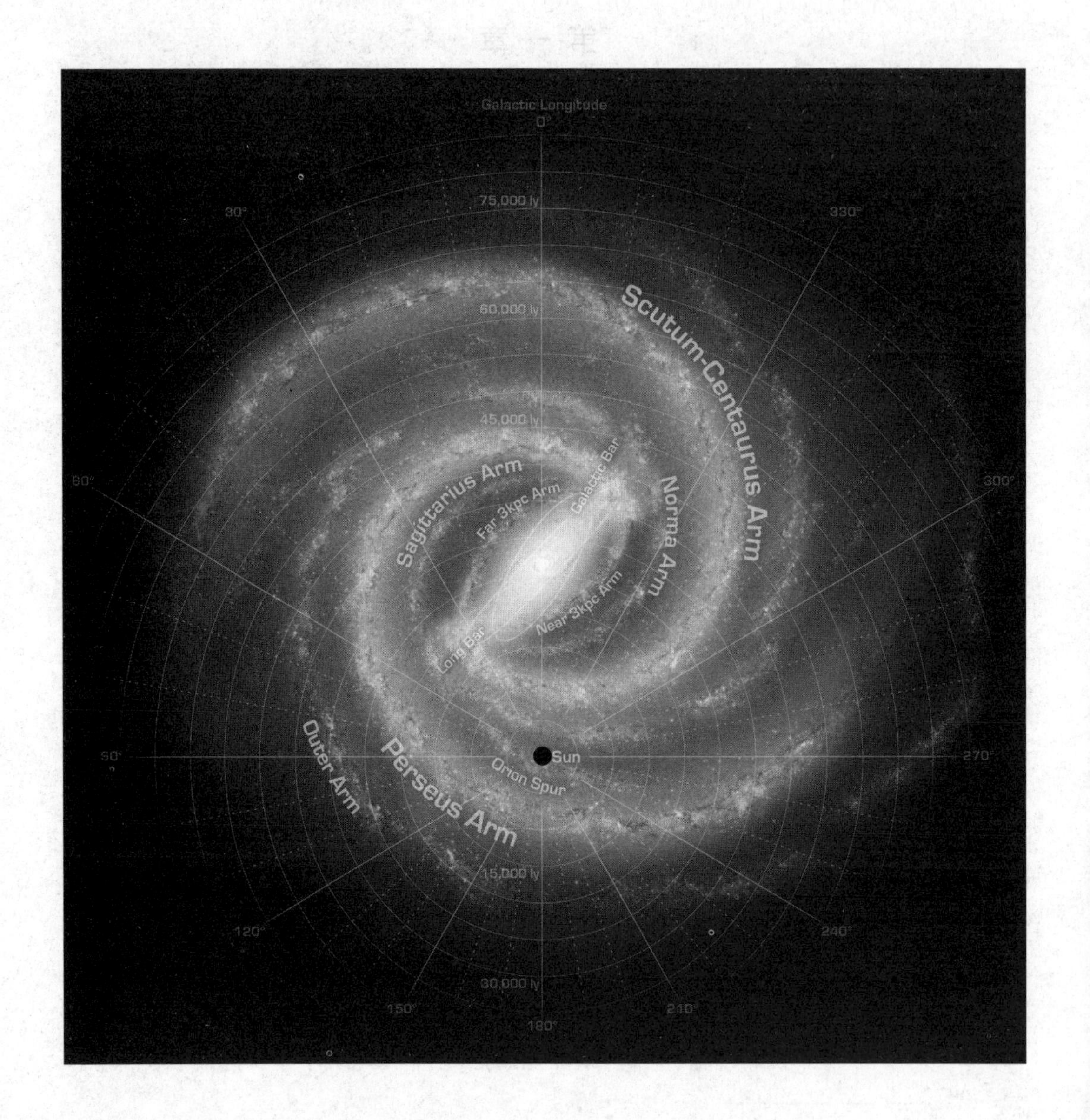

Galactic Longitude
0°
75,000 ly
30°
330°
60,000 ly
Scutum-Centaurus Arm
45,000 ly
60°
300°
Sagittarius Arm
Far 3kpc Arm
Galactic Bar
Norma Arm
Near 3kpc Arm
Long Bar
Outer Arm
Perseus Arm
Sun
Orion Spur
90°
270°
15,000 ly
120°
240°
30,000 ly
150°
210°
180°

对空间的探索直到最近才刚刚闯入星云世界。借助大型望远镜,对未知领域的探索在过去十几年间取得了进展。宇宙的可观测区域目前已然划定,而初步的侦测已经完成。随后的几章就是关于这场侦测不同阶段的报告。

我们栖身的地球是太阳系的一名成员,它是太阳的一颗较小的卫星。太阳是构成恒星系统的数以百万计的恒星中的一颗。恒星系统由一大群恒星组成,这些恒星在空间中相隔甚远。它们缓慢地在空间移动,就像一大群蜜蜂在夏日的天空缓缓飞过。我们从自己所在的位置——这个系统之内的某个地方——细细打量这群星星,望出边界,望向宇宙更深处。

宇宙的大部分都是虚空一片,但我们到处都可以找到与我们所在的恒星系统相似的其他恒星系统,它们彼此之间相隔甚远。它们是如此遥远,以至于除了在最近的恒星系统中之外,我们看不到组成那些系统的单个恒星。这些巨大的恒星系统看上去就像是暗淡的光点。很久以前,它们被称作"星云"或"云状物"——这些神秘天体的性质是沉思最喜欢的主题。

但是现在,多亏有了大型望远镜,我们对它们的性质、它们的真实尺度与亮度有了些许了解,而仅仅是它们的外观便显示出了它们距离的总体次序。它们散布在整个空间,远至望远镜所能看到的地方。我们观察到为数不多的星云看上去很大很明亮。这些是比较近的星云。随后,我们找到更小更暗弱的星云,数目不断增加,而我们知道我们正在越来越远地望向宇宙空间,直到用最大的望远镜发现了最暗弱的星云,我们便抵达了已知宇宙的边疆。

这个最大的视野范围极限界定了空间的可观测区域。它是一个巨大的球体,直径可能有一百亿光年。在整个球体之中,分

◀太阳在银河系中的位置

布着数以亿计处于不同演化阶段的星云——恒星系统。这些星云的分布各自独立、成群结队，有时则成为巨大的星云团，不过一旦在巨大的空间体积内进行比较时，成团的趋势就会达到平衡。就在望远镜视野极限处，星云的大尺度分布是近似均匀的。

可观测天区的另一个普遍特征已被发现。由星云发出奔向我们的光，其红化与它走过的距离成正比。这一现象被称为速度-距离关系，因为它在理论上经常被解释为星云正在向远离我们星系的方向飞奔而去的证据，其飞奔的速度正好随距离而增加。

越来越远的视野

本概述大致勾勒出了目前对星云世界的了解。它是开始于很久以前的一系列研究的顶峰。天文学的历史是视野越拓越远的历史。知识以连续波的方式传播，每一波都代表了用以解释观测数据的某些新线索的开拓。

空间探索表现为这样三个阶段。最初，探索局限于行星世界，然后蔓延至整个恒星世界，最后进入星云世界。

这几个连续阶段之间相隔时间很长。尽管古希腊人就很清楚地了解了月球的距离，但太阳的距离顺序以及恒星的距离尺度直到17世纪下半叶才被确立起来。恒星距离是在几乎刚好一个世纪前最早得到确定的，而星云的距离则是在我们这一代确定的。这些距离是基本的数据。在它们被确定之前，任何进展都是不可能的事。

早期探索止步于太阳系的边缘，面朝着一片一直伸展到最邻近恒星的巨大虚空。那些恒星是未知数。它们可能是相对较近的小个天体，或者可能是距离非常之远的大块头。只有当这条天堑被架通，只有当一小部分恒星样本的距离得到实际测量，这些太阳系之外世界居民的性质才能得到确定。随后，由在目前熟知的恒星当中某一确定的起点出发，探索迅速横扫了整个恒星系统。

面对一片更大的虚空，探索再一次止步，但再一次的，当设备与方法得到充分发展，这条天堑便借由少许几个比较近的星云距离的测定而被架通。再一次地，随着这些居民的性质为人所知，探索活动便更为迅速地横扫整个星云世界，只有到了最大望远镜的极限之处才会止步。

岛宇宙理论

这就是探索的历程。它们是伴随着量尺的发展而迈出的，它们扩展了关于事实的知识体系。推测总是先于探索而行。推测一度延伸到整个领域，但它们持续不断地被探索推将开去，直至今日它们只能对超出望远镜之外的疆域以及整个黑暗的未被探索的宇宙区域提出无异议的主权要求。

这些推测采用了多种形式，其中大多数早已被遗忘。经受得住量尺考验的少数推测都建立在自然界的均一性原理——假设宇宙的任意大样本都与其他部分几乎完全相同——的基础之上。该原理在距离被测定之前很久即被应用在恒星上。既然恒星对于测量仪器来说太远了，那么它们必须的条件就是要非常明亮。已知的最亮天体是太阳。因此，恒星被假定为都像太阳一样，而距离可以由它们的视暗弱程度估算出来。照此思路，一个孤立存在于空间中的恒星系统的观念早在1750年就已得到了系统阐述。作者托马斯·莱特（Thomas Wright，1711—1786）是一位英国的仪器制造商和私人教师。[①]

但莱特的推测走到了银河系之外。一个孤立存在于宇宙中的单独的恒星系统并不能满足他的哲学心智。他设想了其他相

① *An Original Theory or New Hypothesis of the Universe* (London, 1750).

似的系统，而且，作为它们存在的可见证据，他还提到了被称为“星云”的神秘云状物。

五年后，康德以某种形式发展了莱特的概念，该形式在随后的一个半世纪一直持续而基本未改变。康德的一些与该理论有关的评论[①]为建立在均一性原理基础之上的合理推测提供了一个出色的实例。一个相对简易的译本如下[②]：

> 现在我要转向我的系统中另一个部分，因为它暗示了创世方案的一种宏伟思想，这对我来说是最引人入胜的。促使我想到它的一连串观点很简单，也很自然。我的想法是这样的：假定有一个恒星系，恒星聚集在一个共同的平面上，就像银河系中的一样，但是这个恒星系离我们很远，以至于即使使用望远镜，我们也不可能分辨出组成它的恒星；让我们假定，它的距离同我们与银河系恒星的距离相比，其比例等同于银河系恒星间的距离与日地距离之比；对于那些在如此遥远的地方对之做出思考的观察者们来说，这样一个恒星世界看来仅仅是一个小小的暗弱光点，而且张角也非常小；如果它的平面与视线垂直，那么它的形状就是圆形的，而如果是从一个倾斜的角度被看到，它的形状就是椭圆形的。如果存在这种现象，那么这个星系的微弱的光、它的形状以及视直径就使它明显地区别于它周围的单个恒星。
>
> 我们没有必要从天文学家们历时久远的观测中去寻找这一现象。它们已经被不止一位观测者看到过，这些观测者对它们奇怪的外观感到惊讶，对之做出猜测，并且有时提出最令人惊奇的解释，有时则提出比前人更为理性但并没

---

① *Allgemeine Naturgeschichte und Theorie des Himmels*，初版于1755年。这一段出现在第一部分。

② 康德引文的部分译文参考了《宇宙发展史概论》中译本（[德]康德著，全增嘏译，王福山校，北京：北京大学出版社，2016年版）16至18页。——译者注

有更多依据的学说。我们指的是星云,或者更确切地说,莫佩尔蒂(M. de Maupertius)[①]曾对之有如下描述的一种特殊的天体:“这是一些小小的光点,仅仅比天空的黑暗背景稍亮一些;它们同样具有这些特点,其形状大致都是显著的椭圆形;它们的光比我们在天空中可以看到的其他任何天体要暗弱得多。”

康德随后提到德勒姆(Derham)和莫佩尔蒂的观点,并且对之不予采纳,前者认为这些光点是苍穹之中的孔洞,通过它们,燃烧着的最高天得以被看到,而后者认为,星云是巨大的单个天体,由于快速旋转而变平。康德随后继续写道:

更为自然且合理的假设是,星云并不是一个独特的单个恒星,而是由无数恒星构成的系统,它们看来似乎拥挤在一个有限的空间中,每颗恒星单独发出的光是难以觉察的,但由于恒星数目无限之多,便足以发出暗弱而一致的光亮。它们与我们所在的恒星系统之类比;它们的形状,确切地说,是根据我们的理论所认为的它们的本来面目;作为它们距离无限远之标志的暗弱星光,所有一切都显示出绝妙的和谐,并且引领我们将这些椭圆形的光点视作与我们所在的恒星系统有着相同秩序的系统——总之一句话,它是与我们已然对其构造做出解释的这个银河系相似的其他银河系。如果在这些猜测中类推和观察完全一致,并可以相互印证,而且跟正式的证明同样有价值,那么我们就必须将这一系统的存在看作是已经证明了的……

我们看到,在距离无限远的空间存在着相似的恒星系(云雾状天体、星云)。在这个无限辽阔的范围中,造物处处都是有规则的,它的各个成员都是相互联系着的……一个

① 也常被译作“莫泊丢”。此处根据《世界人名翻译大辞典》(新华社译名室编,北京:中国对外翻译出版公司,1993)译出。

广阔的领域还有待发现，而仅仅是观察就将带给我们答案。

后来被称作“岛宇宙学说”[①]的这个理论在哲学思辨体系中找到了一个永久的位置。天文学家本身并没怎么参与这些争论：他们研究了星云。不过，到19世纪即将结束之际，观测数据的积累使得星云身份问题一下子变得突出起来，同时，也是由于这些数据，岛宇宙学说成为一个可能的答案。

星云的性质

(a) 问题简述

少许几个星云已为裸眼观测者所知，随着望远镜的发展，已知星云的数目也在增长，起初增长得很慢，之后越来越快。在威廉·赫歇尔爵士(Sir William Herschel，1738—1822)的时代，这位星云研究的第一位杰出领跑者开始了他的巡测，已发表的最全面的名录是梅西耶(Messier)发表的，其最后一版(1784年)包含了103个最显著的星云和星团。这些天体仍然以梅西耶编号为人所知——例如，仙女座大旋涡星云就是M31。威廉·赫歇尔爵士编订了2500个天体的目录，他的儿子约翰爵士(1792—1871)将望远镜带到了南半球(南非开普敦附近)，从而又在这个名录中增加了更多天体。[②] 大约20000个星云的位置是目前可

---

① 这个恒星的世界一度被称为“恒星宇宙”，这个名词直到恒星系统是相互独立的这一点被认识到之后仍然沿用。恒星系统的增加带来了“Weltinseln”——岛宇宙——一词，它在洪堡(von Humboldt)的《宇宙》[*Kosmos*，第三卷(1850)]一书中的使用可能是该词首次被使用。在人们熟悉的奥特(Otté)的英译本(1855)中，这个词被按照字面意思直译为“宇宙岛”(world islands，Vol. Ⅲ，149，150)。转变为“岛宇宙”是明显的一步，但笔者尚未弄清这个词的最早用法。

② 约翰·赫歇尔爵士的总表代表了在一个相当一致的视暗弱度极限范围内进行的最早的全天系统巡天，它于1864年出版，包含了由他和他父亲观测到的大约4630个星云和星团以及其他人发现的450个星云和星团。该星表于1890年被德雷耶(Dreyer)的新总表(*New General Catalogue*)所取代。

资利用的,这个数目可能十倍于已在照相图版上得到证认的星云数目。星表的规模早就不再那么重要了。目前,理想的数据是位于广泛分布在全天的取样天区中的,逐次亮过视暗弱度连续极限的星云数目。

伽利略用他的第一架望远镜将一个典型的"云雾状天体"——鬼宿星团(Praesepe)——分解为一群恒星。有了更大的望远镜以及持续开展的研究,更为显著的星云中很多也都同样被分解。威廉·赫歇尔爵士得出结论说,只要望远镜的倍率足够大,那么所有的星云就都可以被分解为恒星群。不过,他在晚年的时候改变了态度,并且承认在某些情况下存在一种根本无法分解的发光"流体"。直到威廉·哈金斯爵士,利用他所装备的一台分光镜,做出了某些精巧的尝试以解释这些异常情况,从而于1864年充分证明了某些星云是一团发光气体。

哈金斯的结果清楚地表明,星云并不都是某一单个均质星群中的成员,而在它们能够被有系统地整理有序之前,进行某种分类将会是必要的。的确被分解为恒星的星云——恒星的大量聚集——被从目录中清除了出去,从而形成了一个独立的研究部门。它们被公认为是银河系的组成部分,并因此而与岛宇宙学说扯不上干系。

在不可分解的星云中,最终区分出了两个截然不同的类型。一个类型所包含的星云相对较少,它们最终被确认为不可分解——混在银河系恒星中并与之关系密切的尘埃气体云。它们通常是在银河带之内被发现的,而且像星团一样,明显是银河系成员。因此,它们自那时起便被称为"银河系"星云。它们又被进一步细分为两组:"行星状"星云和"弥漫"星云,常常被简写为"行星状星云"(planetary)和"星云状物质"(nebulosities)。

另一个类型是由在除银河系之外的其他地方找到的为数众多的小型对称天体组成的。这些引人注目的天体,大多都被发现具有旋涡状结构,尽管并非全部如此。它们具有很多共同特征,看来似乎构成了一个单独的类群。它们被冠以各种不同的名字，但要先提一句的是，它们如今被称作“河外”星云[①]，并将被简称为“星云”。

尽管星云如今已被阐释为恒星的聚集，但由于其距离完全是未知的，其身份未能确定。它们无疑超出了直接测量的极限，而与这一问题有关的少有的间接证据可以以各种不同的方式得到解释。星云可能是相对较近的天体，并因此是这个恒星系统的成员，或者它们也可能距离非常遥远，因此是外层空间的一员。在这一点上，星云研究的进展直接触到了岛宇宙的哲学理论。该理论大体上代表了星云距离问题的其中一种可供选择的解答。距离问题常常以这种形式被提出来：星云是岛宇宙吗？

(b) 问题的解答

这一状况在 1885 年至 1914 年间的几年内取得了进展；从 M31 旋涡星云中的明亮新星的出现，到斯里弗的第一个重要的星云视向速度表的发表，前者激发了对距离问题的新的兴趣，后者提供了一种新的数据并激励人们做出严肃认真的尝试以找到这一问题的答案。

答案在十年后出现，很大程度上是借助在此期间落成的一台大望远镜——100 英寸反射镜而实现的。在最为引人注目的星云中，有几个星云被发现远远超出银河系边界之外——它们是位于银河系外宇宙空间的独立的恒星系统。进一步的研究表明，其他更为暗弱的星云是位于更远距离的相似系统，岛宇宙学说得到了证实。

100 英寸反射望远镜将少数几个距离最近的星云部分地分解为恒星群。在这些恒星之中，辨识出了多个恒星类型，而在银河系较亮的恒星当中，这些恒星类型被了解得清清楚楚。它们的本征光度(烛光)是已知的，在某些恒星中是精确值，而在另一

① 沙普利提出的“河外星系”这个词也得到广泛使用，还有第三个词叫做“银河系外的”星云，是由伦德马克所引入的。

些恒星中则为近似值。因此，星云中恒星的视暗弱度也就反映了星云的距离。

最可靠的结果是由造父变星提供的，但其他类型的恒星给出了与造父变星相一致的距离效度（estimates of orders of distance）估计值。甚至最亮星——它们的本征光度在某些类型的星云中看来几乎是不变的——已经被用来作为统计标尺，用以估计星系群的平均距离。

宇宙空间的居民

那些可以借由其所包含的恒星而得知其距离的星云，提供了一组样本，根据这些样本，由星云而非星云所包含天体推得的新标尺得到了公式化。现在已经知道的是，星云的本征光度都大致相同。一些星云比其他星云更加明亮，但至少一半星云的光度都在平均值——即太阳光度的 850 万倍——的 1.5～2 倍这一有限范围之内。因此，从统计意义上来说，星云的视暗弱度也就反映了它们的距离。

随着星云的性质为人知晓，星云距离的尺度被确立起来，这些研究沿着两条线索继续推进。首先是单个星云的一般特征得到研究；其次是作为一个整体的可观测天区的特性得到研究。

星云形状的详细分类已导致了一个排列有序的序列，其范围从球状星云到扁平、椭圆形状，直到一系列旋臂展开的旋涡星云。旋转对称的基本图案沿这一序列平滑地变化，变化的方式暗示了越来越快的旋转速度。沿这一序列发生系统变化的很多形态特征被发现，而早期认为星云是单独一类天体的成员的看法看来得到了证实。在这一序列中，光度保持完全不变（如前所述，平均值为太阳的850万倍），但直径[1]则呈现有规则地增加，从球状星云的约1800光年，到最为松散的疏散旋涡星云的10000光年。它们的质量尚未确定，估计范围在太阳质量的2×10^{9}至2×10^{11}倍。

星云世界

(a) 星云的分布

对作为一个整体的可观测天区之研究导致了两个最重要的结果。一个是天区的均一性——星云的大尺度分布上的一致性。另一个是速度-距离关系。

星云在小尺度上的分布非常不规则。星云是以单独地、成对地、处于大小不同的群或是成团的形式被发现的。银河系是一个三重星云的主要组成部分，大小麦哲伦云是这个三重星云的另两个成员。这个三重系统连同另外一些星云，构成了一个单独存在于普遍星云场中的典型的小型星云群。这个本星系群的这些成员提供了最早的距离值，而造父变星距离标尺仍局限在本星系群的范围之内。

当巨大的天区或是大体积空间被加以比较，不规则分布就会最终达到平衡，大尺度上的分布也明显是一致的。通过对以相等间隔分布的取样天区中，较之某一指定视暗弱度更亮的星云的数目加以比较，星云在全天的分布由此推得。

真实的分布情况由于局部遮光而变得复杂。没有任何星云是在银河系内部被看到的，为数不多的几个沿边缘分布。而且，星云的视分布从银极向边缘变得越来越稀疏，这一变化很微小

---

① 该数值所指的是星云的主体部分，正如稍后将得到解释的，它相当于星云中较为显著的部分。

但却是系统发生的。这个解释是在遍布整个恒星系统的大型尘埃气体云中被找到的，这些尘埃气体云大多位于银盘上。这些尘埃气体云遮住了较远的恒星和星云。而且，太阳被包围在一种稀薄的介质中，这些介质像一个均质层沿银盘差不多是无限地延伸开去。位于银极附近的星云所发出的光被这一遮光层减弱约四分之一，但在较低纬度的区域，光在介质中通过的路径较长，吸收也相对更多。只有当这些不同的银河系遮光效应都被考虑在内并且被去除掉之后，星云在天空的分布才被揭示出是均质的，或者说是各向同性的（在所有方向上都相同）。

通过对暗至不同视暗弱度连续极限的星云数，也就是在距离的连续极限范围内的星云数加以比较，星云在深度上的分布得以被发现。这一比较实际上是星云数目与它们所占天区体积之间的比较。由于星云数正好随体积（当然是在已进行过巡测的区域——可能是望远镜所及的范围之内）而增加，星云的分布必定是均质的。在这一问题上，视分布上也必须得用到某些改正量，以得到真实的分布。这些改正量是以速度-距离关系来表示的，它们的观测值有助于对此奇怪现象的阐释。

因此，可观测天区不仅是各向同性的，而且是均质的——在各处与各个方向上都完全相同。星云分布的平均间隔约为 200 万光年，也就是平均直径的约 200 倍。这一模式也许可以用相距 50 英尺的网球来表示。

假如星云之间的（未知）物质被忽略不计的话，那么空间中物质的平均密度情况也可以被粗略地估计出来。如果星云物质在整个可观测天区都是均匀分布的，则平滑密度[①]大致约为 10^{-29} 或 $10^{-28}\mathrm{g/cm^3}$——大约相当于每个地球那么大的空间体积有一粒沙子。

可观测天区的大小是一个定义问题。矮星云仅在中等距离上可以被探测到，而巨星云则可以在空间中更远处被记录下来。

---

① 此处“平滑密度”译语得到卞毓麟先生的建议，特此感谢。——译者注

并没有办法对这两类星云做出区分，因而，定义望远镜极限的最便利之法就是利用中等星云为之。利用100英寸反射望远镜得到证认的最暗弱星云，其平均距离约为5亿光年，在这一极限内，排除星系遮光效应不计，约1亿星云是可观测的。在遮光最小的银极附近，最长时间的曝光所记录下的星云同恒星一样多。

(b) 速度-距离关系[①]

前述有关可观测天区的概述几乎完全建立在根据直接图像得出的结果的基础之上。该天区是均质的，而平均密度的大体情况是已知的。接下来也是最后一个要讨论的特征，即速度-距离关系是在光谱照片研究中显现出来的。

当一道光穿过一个玻璃棱镜（或是其他合适的装置），组成光的各种不同颜色就会展开成为一种被称为光谱的排列有序的序列。当然，彩虹就是一个众所周知的例子。这个序列绝无变化。光谱也许或长或短，这取决于所使用的装置，但颜色的次序会保持不变。在光谱上的位置通过颜色可大致测得，但通过波长会测得更为精确，因为每种颜色都代表了某一特定波长的光。从紫色的短波开始，光谱会持续不变地变长，直到红色的长波。

某一光源的光谱呈现了它辐射出的特定颜色或波长，还有它们的相对丰度（或强度），并因此显示出了与该光源的性质与物理条件有关的信息。一个炽热发光的固体会辐射出全部的颜色，而光谱则是从紫色到红色的连续光谱（而且在两个方向上都超出可见光范围）。一种炽热发光的气体仅只辐射少数不连续的颜色，这个图案被称作发射光谱，是任一特定气体的特性。

第三种类型被称为吸收光谱，对于天文学研究来说有着特殊意义，它是当一个炽热发光的固体（或同等光源）——发出连

① 笔者有关速度-距离关系的一个更为广泛而非技术性的讨论可见《星云光谱中的红移》(*Red-shifts in the Spectra of Nebulae*)，它是1934年在牛津大学所做的哈雷演讲。经克拉伦登出版社惠准，演讲中的一些材料也被放进了当前的这篇概要。

续光谱——被一种较冷的气体所包围之时产生的。该气体从连续光谱中吸收的颜色，正好就是当这种气体本身发炽热白色光时将会辐射出的那些颜色。其结果是得到一条有着连续背景的光谱，这个连续背景被称作吸收线的暗色间隔所打断。暗色吸收线的图案指明了造成这一吸收的某种或某几种特定气体。

太阳和恒星发出的是吸收光谱，许多已知元素已经在它们的大气中被证认出来。氢、铁以及钙在太阳光谱中形成了非常粗重的吸收线，而最为显著的则是紫色线中的两条钙线，被称为H线和K线。

一般来说，星云会呈现出与太阳光谱相似的吸收光谱，这在以太阳型恒星在其中占绝大多数的恒星系统中正是意料之中的事。这些光谱必定很短——光太暗弱而不能展开很长的光谱——但钙的H线和K线可以很容易地被辨认出来，此外，铁的G谱带以及少许氢线一般都可以被辨别出来（图版Ⅶ和图版Ⅷ）。

星云光谱的独特之处在于，它们的谱线并不位于在附近光源中所找到的谱线的正常位置。正如相互对应的比较光谱所显示出的那样，它们向正常位置偏红的方向发生了位移。这一位移被称为红移，一般来说，它是随被观测星云的视暗弱程度而增加的。既然视暗弱度反映了距离，那么由此可以推断出，红移随距离增加而增加。详细的研究表明这一关系为线性关系。

在除星云之外的其他天体的光谱中，人们很久以来就已知道存在非常细小的位移，无论是向红端移动还是向紫端移动。这些位移被确信无疑地解释为在视线方向上的位移——后退（红移）或接近（紫移）的视向速度——的结果。同样的解释也经常被应用到星云光谱的红移上，并导致了“速度-距离”关系这一名词，用以表示被观测到的红移与视暗弱度之间的关系。基于这一假设，星云被认为正在远离我们所在的空间区域飞奔而去，其速度正好随距离的增加而增加。

尽管关于红移并没有找到其他看来可靠的解释，但以速度漂移来加以解释可能被认为是一个仍有待实际观测进行检验的理论。关键性的检验或许可以用现有的设备来完成。飞速后退的光源看起来应当比位于相同距离的固定光源更为暗弱，而在望远镜的极限附近，“视”速度是如此之巨，因此这一效应应当是可以被观察到的。

作为宇宙样本的可观测天区

对红移做出一个完全令人满意的解释是个意义重大的问题，因为速度-距离关系是作为一个整体的可观测天区的属性。另一个唯一已知的属性就是星云的均质分布。目前，可观测天区是我们的宇宙样本。如果这一样本是合宜的话，那么它被观测到的特性将决定作为一个整体的宇宙的物理性质。

这个样本可能是合宜的。只要探索活动局限于恒星系统，这一可能就不存在。这个系统已知是孤立的。超出其范围之外的区域是未知的，但必定不同于该系统内恒星散布其间的空间。我们现在观察那个区域——一个巨大的天球，相似的恒星系统均匀遍布其间。没有证据表明存在一个越来越稀疏而线索不明的物理边界。没有哪怕最微小的迹象表明有一个超级星云系统孤立存在于一个更大的宇宙之中。因此，为了推测的需要，我们可以应用均一性原理，并假定宇宙中被随机选定的其他任何部分都与可观测天区完全一样。我们可以假定星云世界就是宇宙，而可观测天区是一个合宜的样本。

在某种意义上来说，这个结论概括了经验研究的结果，并为猜想的王国提供了一个前景看好的出发点。这个以宇宙学理论居于主导的王国将不会进入现在这个概要。本书的讨论将主要限定于经验数据——实际观测报告——及其最直接的阐释。

但是，观测与理论交织在一起，试图将它们完全分离开来是徒劳的。观测总是伴随着理论。纯粹理论也许可以在数学中但很少在科学中被找到。有人说,数学处理的是可能的世界——逻辑上一致的系统。科学则试图发现我们居于其中的真实世界。因此,在宇宙学中,理论呈现了一系列无限多的可能的宇宙,而观测将会把它们逐类排除掉。迄今为止,不同类型的宇宙已经变得越来越可理解了,而这些不同类型的宇宙也必定包括我们独特的宇宙。

对可观测天区的探察为这一排除过程做出过实质性的贡献。它已然描绘出了一个巨大的宇宙的样本,而这个样本可能是合宜的。从这种程度上来说,宇宙结构的研究可以说已经进入经验研究的领域了。

形成中的婴儿星系

第 二 章

星云的家族特征

· *Chapter Ⅱ Family Traits of Nebulae* ·

星云被划分为非常不均等的两组。占大多数的一组被称为“规则星云”，因为它们都明显地表现出相对于占主导地位的中心核的旋转对称性，这成为它们的一个常见模式。余下的天体约占总数的2%～3%，被称为“不规则星云”，因为它们既不存在旋转对称性，而且一般来说也都没有一个占主导地位的中心核。

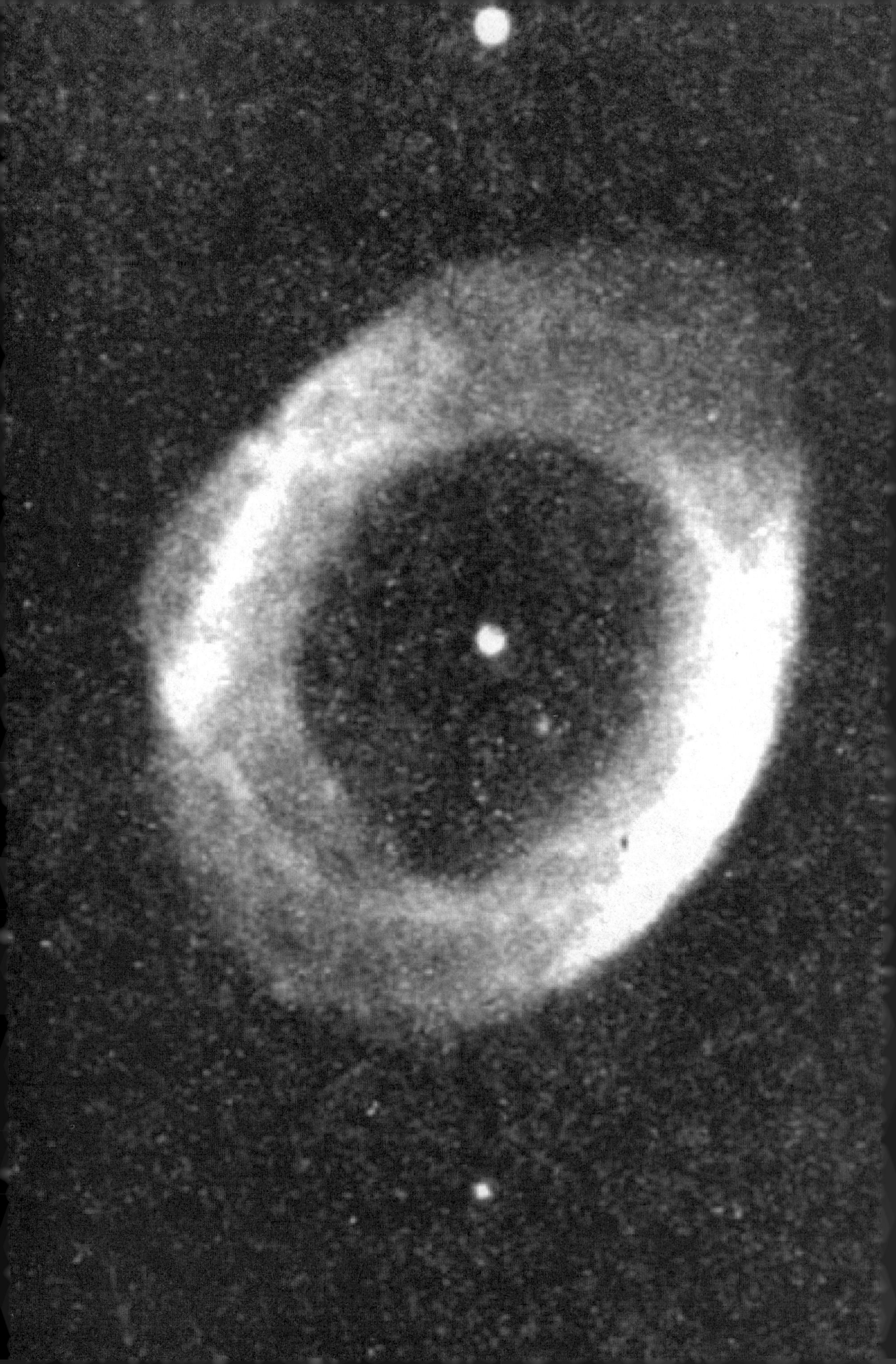

星云分类

第1章简要介绍了目前有关星云世界的概念框架。可用来做此检视的样本是空间中的一片巨大天区，相似的恒星系统大致均匀地遍布其间。这一主题现在将得到系统而极为详细的阐述。

第一步显然就是根据调查对这个系统的表面特征所做的研究。星云可能都是某个单独的家族中的成员，又或者它们可能代表了完全不同的几种天体的组合。这个问题对于所有关于普遍性质的研究来说都非常重要。星云为数众多，故而不可能一个个地全都得到研究。因此，有必要知道是否可以从较为显著的天体中收集到一个合宜的样本，如果可以，那么这个样本所要求的尺度如何。对于这一问题以及其他很多问题的答案都要在星云的分类中去搜寻。

这个问题本质上是一个照相问题，因为星云很暗弱，而且结构上的细节都很难看到。目视观测，即使是用最大望远镜也都不及用中等尺度的照相设备所摄取的照片那样令人满意。用大望远镜摄取的照片当然也相应地包含有更大的信息量。

最简单的步骤就是通过对照片进行检视，从而将星云划分为若干个组，各个组的天体都表现出相似的特征。于是，各个组里较为显著的那些成员可以得到详细的研究，而结果则被用来对这些分组本身进行对比。利用这一方法获得成功的程度主要取决于被选定作为分类依据的特征的重要性。

在某种程度上来说，这些标准的选择代表了某种妥协。这

◀天琴座附近的行星状星云

些特征必定很重要——它们必定显示出了星云本身的物理特性，而且不存在可能的方位效应——而且它们也必定显著到足以在大量的星云中被看到。数以百万计的星云处于现有望远镜的观测范围之内，但是巨大且明亮到足够用以开展细致研究的星云则寥寥无几。不太显著的特征，尽管可能非常重要，但它们也将分类限定于为数不多的星云，而这些星云可能并不是合宜的样本。

随着亮度逐渐减弱，星云的数目迅速增加，大多数的星云在照相图版上都只是没有形状的小点，几乎无法从暗弱恒星的图像中被辨别出来。一般而言，这些天体都超出了任何一种有用的分类法的范围。有为数众多的星云，稍为明亮一些，但它们还是太小也太暗弱，以至于除了能分辨出它们的延伸部分与凝聚区（光度梯度，也就是光度从图像中央向边缘减弱的减小率）之外，看不清任何细节。分类一度建立在这些特征的基础上，但主要依赖于星云的随机方向。当这个标准被应用于醒目而著名的星云上，其意义看来似乎是微不足道的。

常见模式

目前的分类是根据这种亮星云中的数百个样本推得的，其所基于的假设是，采样大到足以形成一个由大多数星云组成的合宜的样本。这些天体被分为几组，每组都表现出一组典型特征。这些分组很自然地形成了一个整齐有序的序列，其标准从序列的一端向另一端系统地变化。很多典型特征可以在最亮的星云中得到描述，但是随着比较暗弱乃至更暗弱的星云被加以分析，这些特征便逐渐消失，直到最后唯有最显著的特征才能被辨识出来。最终，这些硕果仅存的标准也就构成了正式分类的基本依据。两个这样的分类系统已经被阐明，但由于它们非常相似,这里将只详细介绍其中一个。[1] 这一分类揭示出了一个很常见的基本模式,它的持续变化带来了这个星云形态的可观测序列。

首先,星云被划分为非常不均等的两组。占大多数的一组被称为“规则星云”,因为它们都明显地表现出相对于占主导地位的中心核的旋转对称性,这成为它们的一个常见模式。余下的天体约占总数的 2%～3%,被称为“不规则星云”,因为它们既不存在旋转对称性,而且一般来说也都没有一个占主导地位的中心核。

规则星云要么是“椭圆星云”,要么就是“旋涡星云”。每一类天体自然形成了一个有规律的结构形态序列;椭圆序列的一端与旋涡序列的一端非常相似。因此,为了描述起见,这两个序列的方向就被确定下来,就好像它们是一个更大的单个序列中的两个部分,而这个更大序列包含了在规则星云中会碰到的所有的结构形态。零点被任意选在椭圆星云部分的开放一端。因此,整个序列排列下来就是从最致密的椭圆星云一直走到最疏散的旋涡星云——一个呈弥散或膨胀状的连续序列。“早”和“晚”二词被用来表示在这个经验序列中的相对位置,并无时间意味。上述解释说明所强调的是分类序列的性质是纯粹经验性的。这个考虑因素很重要,因为该序列与当前的星云演化理论所指出的发展线索很相似,该理论是由金斯爵士(Sir James Jeans)提出的[2]。

---

① Hubble, *Extra-Galactic Nebulae*, “Mt. Wilson Contr.,” No. 324; *Astrophysical Journal*, 64, 321, 1926. 又可见 Lundmark, *A Preliminary Classification of Neubulae*, “Upsala Meddelanden (Arkiv for Mat., Astr. Och Fysik),” 19b, No. 8, 1926.

② 该理论的最新论述可见 Jeans, *Astronomy and Cosmogony* (1928), XIII.

椭圆星云①

椭圆星云用符号E表示。它们所涵盖的范围从球状天体、椭圆形状到长短轴比约限定为3∶1的透镜形天体。主体部分的形状比这一限定形状更扁的规则星云,有可能全都是旋涡星云。椭圆星云的聚集度很高,并未显示出能分解为恒星的任何迹象。星云光度从明亮的半恒星核向未定边界迅速减弱。在按下曝光之后,直径以及总光度随曝光时间逐渐增加而持续不断地增加。小片的遮光物质偶尔会在发光的背景下显出轮廓,但除此之外,这些星云未显示出任何结构上的细节。

椭圆星云可据以做出进一步分类的唯一普遍特征是(a)图像的形状,或者更准确地说是等光轮廓(相等光度的轮廓线)的形状;以及(b)光度梯度。这个梯度很难做出数值刻度的估算,而且其测量需要一种精微的技术。因此,它们并不适合作为快速分类的标准。

轮廓的形状通过简单的检视就可以很容易地被估计出来,但它们当然指的是在照相图版上看到的投影图像,而不是实际的三维星云。圆形轮廓可能代表了球状星云或是极轴正好处于视线方向的任意一个较扁的星云。只有当最扁的(透镜形)星云是侧对着我们时,投影图像才的确反映出真实的形状。这个误差很严重,但也是不可避免的。除了这一种情况之外,尚不知道有任何方法可以用来确定单个星云的真实形状。② 不过,一种

---

① 见 Hubble, *Distribution of Lunimosity in Elliptical Nebulae*, "Mt. Wilson Contr.," No. 398; *Astrophysical Journal*, 71, 231, 1930; a rediscussion of these data by ten Bruggencate, *Zeitschrift fur Astrophysik*, 1, 275, 1930; Smith, *Some Notes on the Structure of Elliptical Nebulae*, "Mt. Wilson Contr.," No. 524; *Astrophysical Journal*, 82, 192, 1935.

② 沿长轴的光度梯度可能并不太依赖于它的方位,但这个可能性是一个有待研究的课题,并不是当前分类的一个基础。

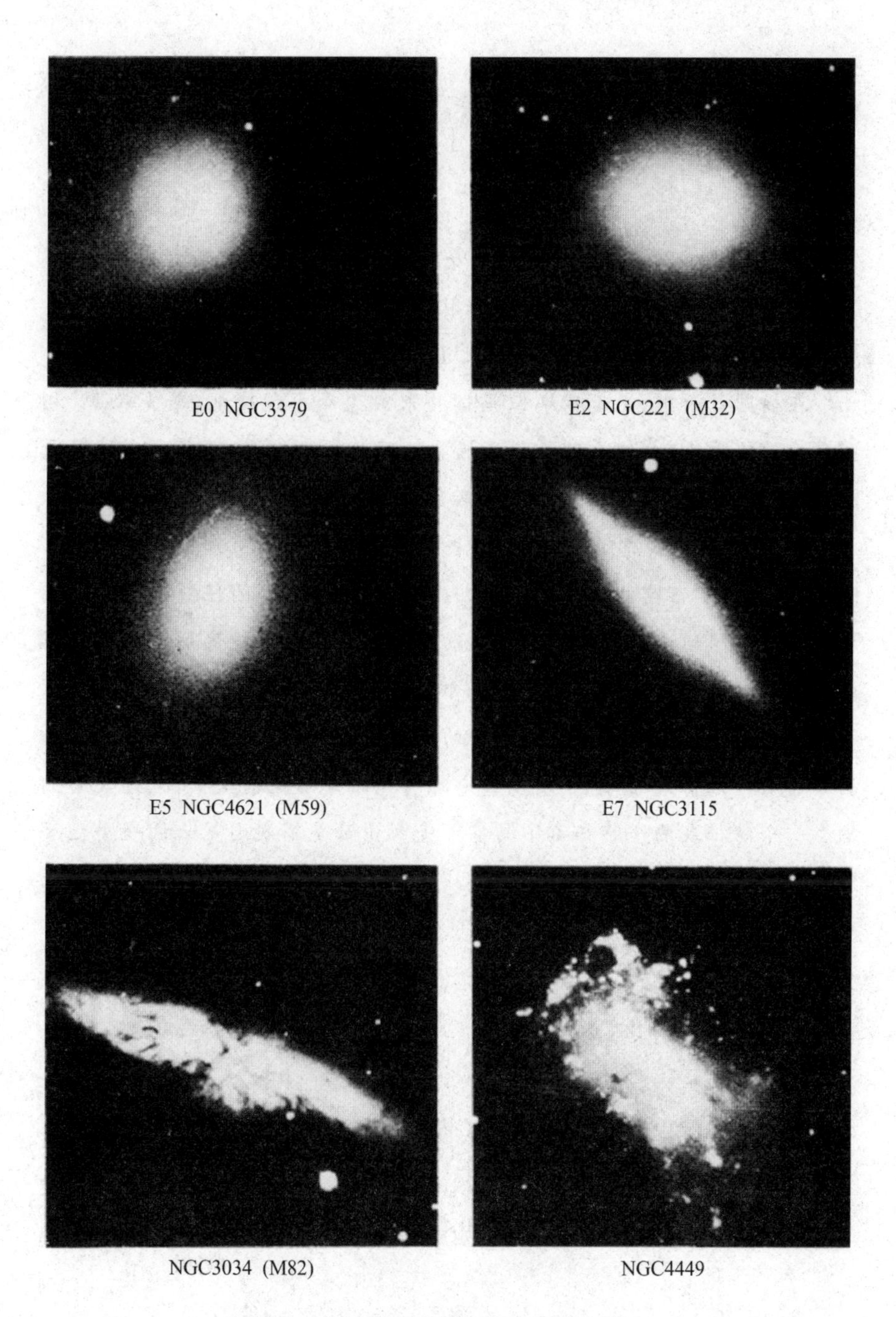

E0 NGC3379

E2 NGC221 (M32)

E5 NGC4621 (M59)

E7 NGC3115

NGC3034 (M82)

NGC4449

图版Ⅰ 星云类型(椭圆星云和不规则星云)

图版Ⅰ说明

椭圆星云。规则星云序列由两个部分组成，一个是椭圆星云，另一个是旋涡星云。椭圆星云的范围从球状天体 E0，到扁平的椭球形天体，再到限定长短轴比的透镜形的 E7。比 E7 更扁的是旋涡星云。

在椭圆星云中，光度从半恒星核向未定边界平稳减弱，等光轮廓（相同光度的轮廓线）大体上都近似于椭圆。因此，一个图像的大小会随曝光时间增加而变大，但形状保持基本不变。

E7 星云是透镜形天体，它看上去是侧对着我们的。扁度较小的图像 E*n* 可能代表了在空间中处于适当朝向的 E*n* 和 E7 之间任意形态的真实形状。从球状到透镜形的所有形态的真实存在是根据投影图像的椭圆形分布的频数推断出来的。

不规则星云。规则星云表现出的特征是相对于占主导地位的中心核的旋转对称性。大约每 40 个星云中就有一个是不规则星云，就是说它们缺少一个特征或两个特征都不具备。麦哲伦云是不规则星云的一个显著例子，它与呈现在这个图版上的天体 NGC（星云星团新总表）4449 很相似。

可以接受的做法是，在不知道单个天体的真实形状的情况下，通过对大量投影图像（假定方向随机）的形状进行统计分析，研究各种真实形态的存在及其相对频数。这种分析显示出，真实形态的确是从球状到透镜形变化，而后者比前者更常见。

在这些情况下，一种暂时性的分类法一度是以投影图像的轮廓为基础的。这些轮廓是椭圆形的[①]，而且在任意一个单个星云中，它们都是相似的。换言之，当星云图像随曝光时间增加而变大时，图像的形状保持不变。

椭圆率被定义为$(a-b)/a$，在这里，a 和 b 分别为长轴直径和短轴直径。在这个序列中的位置可以通过对椭圆率的估算而非常简明地得到显示，椭圆率保留一位小数，小数点省略不计。因此，圆形轮廓（显然是像 NGC3379 这样的球状星云）就被指定为 E0；M32 就是 E2，它是 M31 的伴星云中较亮的那一个，长短轴比约为 5∶4；像 NGC3115 这样的透镜形星云是 E7。这个系列到此为止——E8 或以上很可能指的是一个旋涡星云，因为侧对着我们而被错认为是非常薄的透镜形天体。后一种形态是可能出现的，但假若如此，它们也必定非常罕见。

旋涡星云

旋涡星云分为两个截然不同但相互平行的序列，包括正常旋涡星云和棒旋星云，分别以 S 和 SB 表示。一些稀疏分布的混合形态星云位于两个系列之间。在正常旋涡星云中，两条旋臂分别从一个像透镜形星云一样的核区外围相对的位置平滑出现，并由此处沿旋涡形路径向外缠绕。在棒旋星云中，两条旋臂是从一个横跨整个核区延伸出来的星云棒的两端突然出现的，

---

① 透镜形星云的轮廓与椭圆稍有偏差——它们在最远处很显著——但是这个偏离值非常小，以至于在将椭圆星云作为一个群体加以讨论时，它们可以被忽略不计。

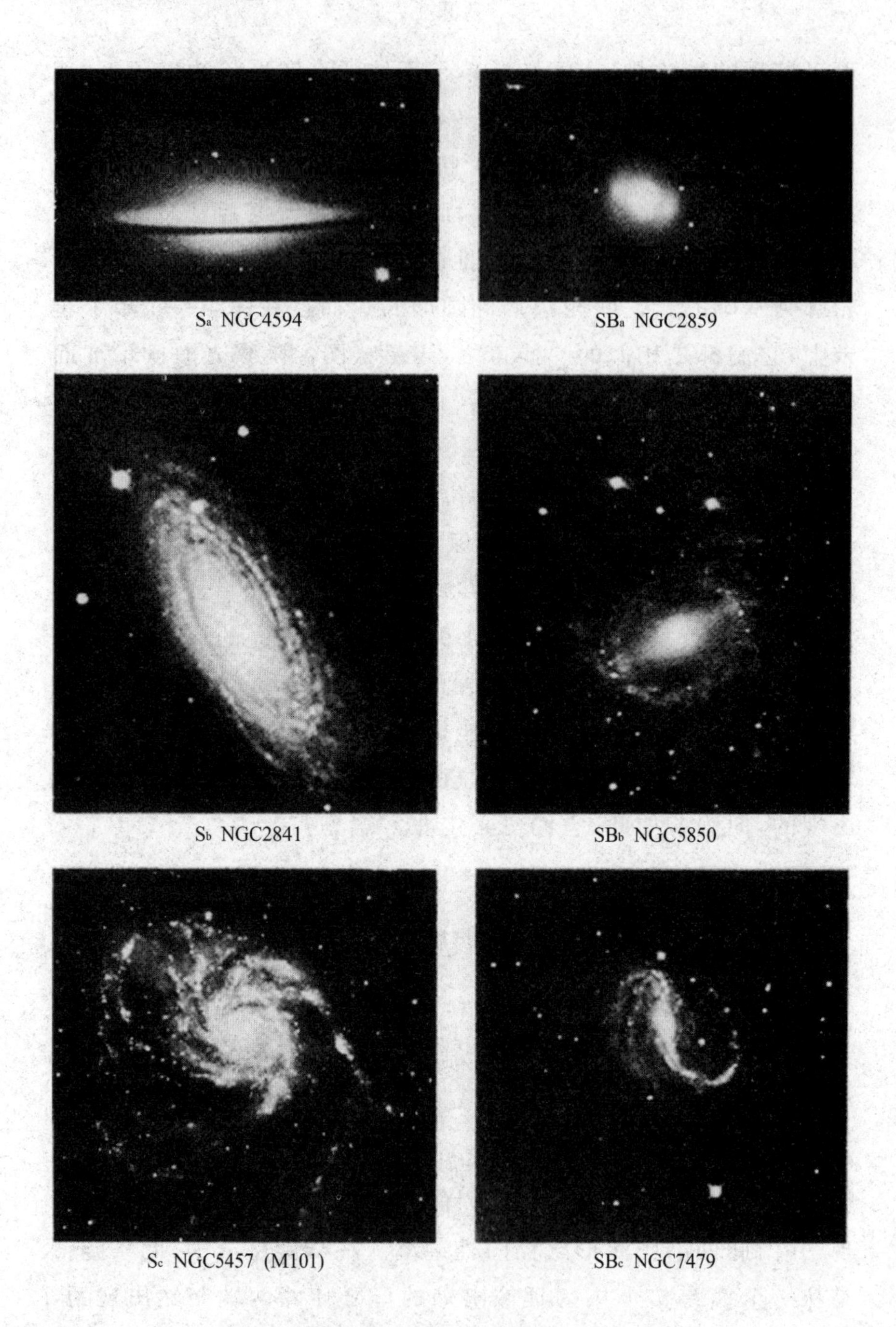

S_a NGC4594　　SB_a NGC2859

S_b NGC2841　　SB_b NGC5850

S_c NGC5457 (M101)　　SB_c NGC7479

图版Ⅱ　星云类型(正常旋涡星云和棒旋星云)

图版Ⅱ说明

旋涡星云序列有两个分支，一支由正常旋涡星云组成，另一支由棒旋星云组成。每个分支又细分为三部分，是在S和SB两个记号后以下标字母a、b、c标注，并被称为正常旋涡星云或棒旋星云的早型、中型、晚型。在每个分支上的位置根据旋臂中的物质相对于核区物质的多少、旋臂展开的程度以及解析程度来确定。早型旋涡星云（S_a和SB_a）看来与透镜形星云（E7）关系最近。从E7到SB_a的过渡是平稳而连续的，但从E7到S_a或许变化巨大——S_a的所有已知样本都有充分展开的旋臂。

规则星云的完整序列，即从E0到S_c显示出很多在整个序列中会发生系统变化的特征。总光度（绝对星等）大约保持不变，但直径增大，因此面亮度就会减弱；星云的颜色、光谱型以及解析度反映了星云所包含物质的特征，它们也在持续变化。银河系推测可能是一个晚型正常旋涡星云。

并由此沿旋涡路径向外缠绕，该旋涡路径与在正常旋涡星云中发现的相似。正常旋涡星云比棒旋星云更为常见，比例为 2∶1 或 3∶1。

正常旋涡星云

在这个序列之首，正常旋涡星云呈现出一个明亮的半恒星核以及一片由未分解的星云状物质组成的相对较大的核区，该核区与透镜形（E7）星云非常相像。从外围处出现的旋臂也无法分解，而且紧紧缠绕。随序列推进，旋臂体积增大而核区变小，旋臂随着体积增大而逐渐展开，直到最后完全张开，而核区变得不怎么显眼。大约在这个序列的中间或是稍早一点的位置，凝聚物开始形成。分解一般首先出现在外缘旋臂，并逐渐向内蔓延，直到这个序列之末星云核也被分解。

棒旋星云[①]

棒旋星云乍看起来好像是一个透镜形星云——其外围区域凝结成为一个与云核同心的几乎很明显的星云状物质环，一条横贯云核两端的宽棒已经形成。它的样子像是希腊字母 θ。随着序列的推进，这个环看起来好像从棒的两个相反位置脱开，一端刚好在棒上面，另一端刚好在棒下面，就像这样 ϑ，而旋臂就从断开的环开放那端延伸出来。由此往后，棒旋星云的发展与正常旋涡星云的颇为相似；旋臂增大而核区变小，旋臂在增大的同时展开；分解首先出现在外缘旋臂并向内向星云核方向蔓延。最后阶段是常见的 S 形旋涡星云，它有稀疏而得到清晰分解的

① 最早注意到棒旋星云的是 Curtis, *Publications of the Lick Observatory*, 13, 12, 1918.

旋臂（NGC7479）。

旋涡星云序列

核区和旋臂的相对光度、旋臂的张开程度以及分解程度完美呈现了两个系列中的逐步推进。这些标准中的最后一点当然不可能被用到暗弱而遥远的旋涡星云，但另外两个标准具有普遍的适用性，而且它们基本上并不依赖于星云的方向。从侧对着的方向看到的旋涡星云不可能总是被精确放置，但它们可以比较有把握地被归到这个序列的大致区域。

旋涡星云的每个序列都被暂时性地细分为三个部分，以下标 a、b、c 标注。因此 S_a、S_b、S_c 代表正常旋涡星云的早型、中型和晚型，而 SB_a、SB_b、SB_c 则代表棒旋星云的早型、中型和晚型。三个部分被假定在两个序列中所涵盖的范围是相等的，但划分尚未得到明确说明，而处于边界位置的天体之分类则相当任意。此类天体有时候会以组合下标 ab 和 bc 来显示，介于 E7 和 S_a 之间的星云有时被标为 S0。

星云序列总的走向看来稳固地建立起来了，但是随着这个课题的推进，改进完善也是可以预期的。比如说雷诺兹（Reynolds）[①]曾引入过“大块的”（massive）和“细丝的”（filamentary）等词来表示有着很宽很大旋臂的旋涡星云（M33）以及旋臂很细、如纤维状的旋涡星云（M101）。这种区分可能取决于总质量或是星云的某些其他内在特征，而且假如这样一种解释可以被接受的话，这些词将会非常重要并具有描述性。

---

① “A Classification of Spiral Nebulae,” *Observatory*, 50, 185, 1927.

规则星云序列

由于早型旋涡星云 S_a 和 SB_a 在很多方面都与透镜形星云(E7)很像，因此规则星云的完整序列也许可以用一个形似字母Y的图来表示，或者，由于旋涡星云的两个系列大致是平行的，该图很像是一只音叉(图1)。椭圆星云构成了叉柄，球形天体(E0)位于底部，而透镜形星云(E7)正好位于交接处下方。正常旋涡星云和棒旋星云沿两条叉臂分布，而在两臂之间发现有少数混合型旋涡星云。后者通常在星云核四周极近的小范围内呈现出棒状特征，但在其他方面，它们又很像正常旋涡星云——M83和M61均属此列。

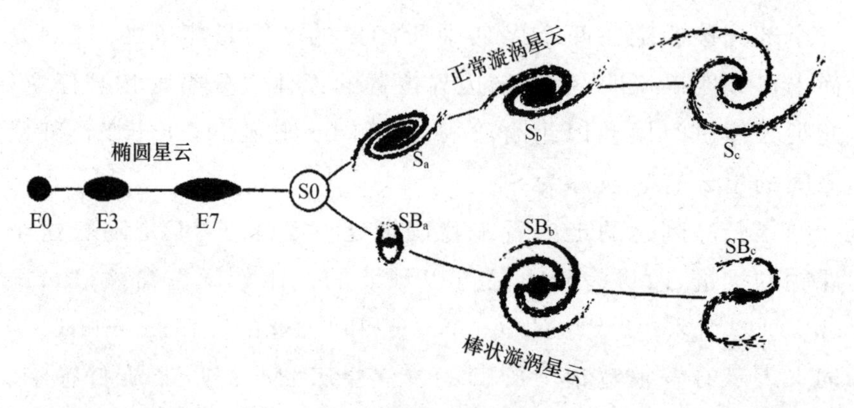

图1　星云类型序列

本图是分类序列的一个示意图。少数混合类型的星云被发现介于两个旋涡星云序列之间。过渡阶段S0多少带有假设性。E7和 SB_a 之间的过渡是平滑而连续的。在E7和 S_a 之间，并未明确证认出任何星云。

交接处可以用多少带有假设性的类型S0来表示，它在所有的星云演化理论中都是非常重要的一个阶段。观测暗示了在E7与 SB_a 之间存在某种平滑过渡，但所发现的 S_a 型星云都有着充分展开的旋臂，从这种意义上来说，这些观测也显示了 E7 到 S_a 之间存在着不连续性。在从大尺度照片获得更为详细的信息之前，有关这种不连续性的推测是徒劳的。目前，相当明显的暗示是，在星云演化发展的这一关键时刻发生了激变活动。

其他特征

在结束有关规则星云的描述之前，还有其他一些特征也可以来谈谈。星云核通常是半恒星核，而且对于用照相方法来进行全面研究来说太小了。在非常晚型的旋涡星云(M33)中——在该旋涡星云中，星云核在核区四周相对暗弱的星云状物质衬托下多少都显得很突出——星云核很像球状星团。在极罕见的情况下，星云核在已应用过的所有直接验证中看起来都像是恒星。从总体上来说，这种星云核比较明亮，而且表现出与行星状星云相似的发射光谱(N_2 比 Hβ 更亮)。因此，不管它们的外表如何，它们都不可能被视为单个恒星——在这个名词通常的意义上。

旋涡结构看起来好像被嵌入暗弱而未分解的星云状物质中，这些超出星云主体部分之外的星云状物质的轮廓常常可以被清楚地勾画出来。遮光效应起到了显著的作用。在较早型正常旋涡星云 S_a 和 S_b 中常常可以发现处于外围的遮光物质带，而且当星云几乎侧对着我们时(NGC4594)，在星云的暗色轮廓中也可以看到这种物质——这种物质据推测可能是尘埃或气体。这些遮光带在早型棒旋星云中尚未被发现。确定无疑以斑片形式存在的遮光效应在面积上分布甚广，在晚型星云中尤为显著，但这种情况在正常旋涡星云中多过棒旋星云。这些斑片可能与银河系中的遮掩云很相似，角径比较一度被用来粗略显示旋涡星云的大致距离。[①]

偶有星云呈现出不同寻常的特征，而它们在分类序列上的精确位置也非常不确定。此类天体根据研究者的判断来排列，而字母 p(代表特殊的意思)会被加到分类记号上。这一设计可能对于 2%的规则星云是必要的，而且在椭圆星云中要比在旋涡星云中被用得更多。M31 的较为暗弱的伴星云以及 M51 的伴星云也许可以作为例子被提到，它们都被归类为 Ep。

不规则星云

占星云总数 2%至 3%的其他星云未显示出任何旋转对称性的迹象，因此在分类序列上找不到位置。这些天体被称为不规则星云，用 Irr[②] 表示。大约一半的不规则星云构成了一个相似的类别，麦哲伦云就是其中的典型例子，而它们的重要性可能值得被单独划分为一类。[③] 由于它们的恒星组成与非常晚型的旋涡星云类似，所以有时它们也被认为代表了规则星云序列中的最后阶段。不过，它们的情况是推测性的，而它们没有显著的星云核可能比不存在旋转对称性的意义更加重大——这是一个可能的因果关系。

余下的不规则星云可以作为极其特殊的天体而被任意放入规则序列，而不是做出单独的分类。某些星云，比如说 NGC5363 和 NGC1275 可以被描述为已分崩离析但未演化出旋涡结构的椭圆星云。另一些星云，比如 M82，只是难以归类的星云。这些星云几乎全部都需要加以个别考虑，但考虑到它们的数目非常有限，因此在星云形态的初步研究中可以被

① 有关旋涡星云中遮光物质的最广泛讨论是柯蒂斯做出的，见 Curtis, *Publications of the Lick Observatory*, Vol. XIII(1918)，读者可查阅该文以获得更多信息。

② 哈勃时 Ir 与 Irr 混用，今统一用 Irr。——译者注

③ 伦德马克的分类的确为这些天体划分了一类，即麦哲伦星云。

忽略不计。

标准星云[①]

在规则星云序列中任何指定阶段的星云都是以完全相同的模式构成的。它们不仅呈现出相似的结构，而且有一个固定不变的平均面亮度。有一些很大很亮，另一些则很小很暗弱；从外观看来，它们很像是处于各个适当距离的单个标准星云。这个结论得自观测事实，即平均来说，总光度完全随长轴直径的平方变化。现在，假如星云是正向的（极轴在视线方向），那么长轴直径的平方就可以量度出一个星云图像的面积。对于此类星云，下述关系式：

$$\text{光度}=\text{常数}\times(\text{直径})^2$$

显示出了固定不变的平均面亮度。而且，由于星云还算得透明，因此在相同意义上来说，星云的总光度与朝向无关。因而，如果一直都使用投影图像的长轴直径的话，那么不管透视如何，上述关系式大致适用于所有的星云。

这个关系式用天文学单位被表达为

$$m+5\lg d=C$$

在这里，m 是总视星等，d 是视角径，用弧分表示，总和 C 对处于序列中某一特定阶段的星云来说是常数。利用这一关系式，所有处于某一特定阶段的星云都可以被归算为一个标准视星等，而直径的离散度随后就可以得到分析，或者反之亦然。

在全部星云被归算为某一指定视星等，标准星云在序列的各个不同阶段都被建立起来之后，就会发现星云的直径从球状星云到疏散旋涡星云呈稳定增长（图 2）。这一表述是下述说法的另一种表达方式，即 C 在整个序列中是系统增长的。一旦变

① Hubble, *Extra-Galactic Nebulae*.

化的规律得到确立,那么有可能做到的是,将所有的规则星云(在统计学意义上来说,还有不规则星云)归算为序列中某一指定阶段——比如说归算为交接点的 S0,并且将它们作为一个性质相同的个别的类别来加以讨论。这一程序强调了分类的便利性以及重要意义,并且使得定量方法在所有的研究中都可能成为如此必要的方法。

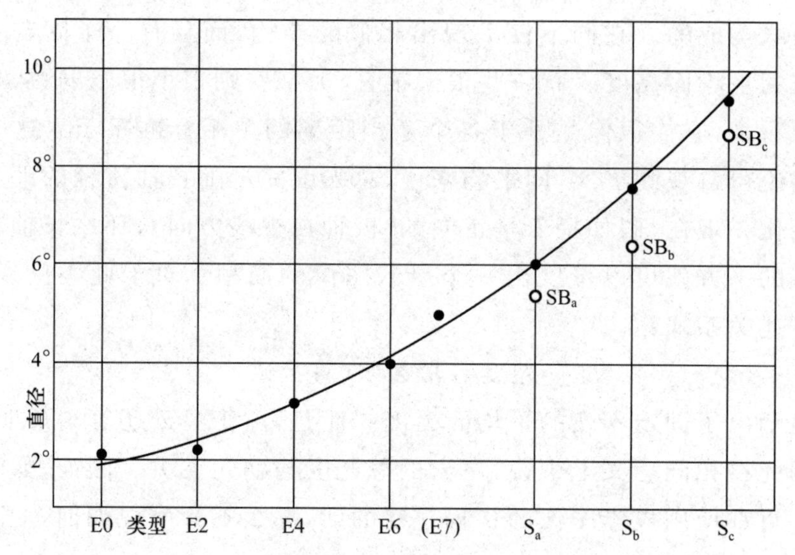

图 2 沿类型序列变化的星云直径($m=10$)

对于相同视光度的星云,其直径从球状星云到疏散旋涡星云稳定增长。本图显示了视星等为 10 等的星云(主体的)平均直径(单位为弧分)。水平刻度是任意划定的。

在实际的实践中,会碰到某些困难,直径与光度都是非常任意的量,它们依赖于曝光与测量方法。正是由于这个原因,“主体”这个词已得到使用,意指某个星云在曝光良好的照片上通过简单检视即容易可见的那个部分。通过辛苦的测光方法可以将星云从中勾勒出轮廓的那片区域比星云主体远大得多,主体必须与这片区域区分开来。

直径-光度关系以及 C 在整个序列中的变化,或许有望从任意一组性质相同的数据中显现出来。不过,数值结果依赖于所使用的特定的数据。比如，最早的研究包括有大约 400 个星云在内的所根据的是霍勒瑟克(Holetschek)的目视星等，通过对使用大反射镜在快速图版上曝光一小时的照片进行简单检视，主体直径借此被估算出来。通过将这些直径值与亮星云哈佛巡测[①]中所列出的估计照相星等结合考虑，就得到改进的结果，这些结果在表 2 中给出。这些数据代表了变化的一般模式，但这些数值依据的是某一组特定条件，当其他条件被列入时就需要做出适当的修正。

在整个序列中发生系统变化的特征

(a) 光谱型[②]

在整个序列中发生系统变化的其他特征是光谱型、颜色以及旋涡星云当中的恒星光度(最亮星的本征光度)的上限。大约 150 个星云的核区光谱型是已知的。太阳光谱型，即早型 G 占绝大多数，尽管偶有 K 或 F 被发现。在已得到大规模记录的少数光谱中，矮星云特征很明显，因此它们被暂时假定为星云光谱的常规特征。在最广为人知的光谱——M31 和 M32 的核区光谱——中，吸收线的相对强度与在绝对星等约为＋4.3 等的恒星(dG3)光谱中发现的吸收线相似。此类恒星与太阳极其相似。

---

① "A Survey of the Extenal Galaxies Brighter than the Thirteenth Magnitude," Harvard College Observatory, *Annals*, 88, No. 2, 1932.

② 星云光谱分类主要是赫马森(Humason)的工作。大部分数据可见"Mt. Wilson Contrs.," No. 426 and No. 531; *Astrophysical Journal*, 74, 35, 1931 以及 83, 10, 1936.

表 2 直径-光度关系

星云类型	C^{*}	星云类型	C
E0	11.4	S_a	13.9
1	11.6	S_b	14.4
2	11.9	S_c	14.9
3	12.2	SB_a	13.7
4	12.5	SB_b	14.0
5	12.8	SB_c	14.7
6	13.1	Irr	14.0
7	13.4		

* $C=m+5\lg d$，在这里，m 是某一星云的总视星等，d 是角径，单位为弧分。

相对罕见的“恒星”核——有着与行星状星云光谱相似的发射光谱——我们已经提到过了。这些光谱的意义尚不知晓，但由于它们很罕见，所以在这一领域的某一次初步调查中可以被忽略。另一种类型的发射光谱在不规则星云以及疏散旋涡星云的外围区域相当普遍。这些光谱局限于星云内部各自独立的斑片中，而且与银河系中某些弥漫星云状物质（很热的恒星附近的气体云，比如猎户座星云状物质）所产生的光谱相似。这些现象呈现了星云与我们自己的恒星系统之间的众多相似性之一。

如果发射光谱被忽略不计，则星云核的平均光谱型就会在整个分类序列中系统地发生变化，变化范围从早型椭圆星云的 G4 到疏散旋涡星云的 F9 或稍早一些的光谱型。由于这种相关性的离散度很小，因此，这个变化范围虽然很小但得到了非常确切的证实。所有可测得的吸收光谱的平均光谱型大致为 dG3 型。

(b) 颜色

光谱型是由吸收线推得的，而不管连续光谱的分布如何。另一方面，颜色代表了连续光谱的分布，而不管吸收线如何。在恒星当中，颜色与光谱型之间存在着一种确切的关系，当其中一个已知时，另一个就可以比较有把握地推出来。与正常关系的偏差被称为颜色短缺（color-deficiencies）或色余（color-excesses)。到目前为止,后者更为常见,尤其是在银河系区域内,而且一般被解释为是由于弥漫的星际物质所造成的选择性吸收。

不过,在星云当中,颜色与光谱型之间的正常关系仅只出现在疏散旋涡星云中。球状星云表现出一种非常显著的色余,达0.3星等,这种色余沿序列减弱,直到在 S_c 时消失。

尽管这一变化已经得到清楚的证实,但该现象原因未知。(大约80个星云的)颜色是将斯特宾斯及其同事用光电管制作的蓝黄滤光器直接放在威尔逊山的大反射望远镜焦距上而精确测得的。[①] 其他方法对另外一些星云的较大变化范围给出了类似的结果,不过精确性稍逊。

色余并未表现出任何明显可见的对银纬或是视星等的依赖。完整的变化只在室女座星团中被观察到(位于纬度+75°)。因此,色余的根源必定要归于星云本身,而非居间弥漫物质的问题,无论是银河系之内还是之外的弥漫物质。星云内部的弥漫物质可能是个原因,但这一见解引起了某些问题,而这些问题尚未得到令人满意的解释。

观测数据总结在表3中,其中,对于分类序列的各个不同阶段均给出了平均光谱型和平均颜色分类(按照巨星的标准),前者是由赫马森完成的,后者是由斯特宾斯完成的。

表3 星云的光谱型与颜色

星云类型	光谱型	颜色类别
E0～E9	G4	g6
S_a, SB_a	G3	g5
S_b, SB_b	G2	g4
S_c, SB_c	F9	f7

(c) 分解

大量显著的旋涡星云以及不规则星云的照片上都显示有为

① 这些数据尚未发表,但初步数值经斯特宾斯教授惠准可供使用。

数众多的结与凝聚物，现在知道它们是单个的恒星以及恒星群。星云中的恒星的证认具有非常重要的意义，因为它直接导致了对距离的确定，这将在第 4 章中得到非常详尽的描述。这　主题在此被提及，因为讨论“分解成为恒星”要比讨论“分解成为凝聚物”更为简单，意义也更重大。

分解首先出现在较早型的中间型旋涡星云，大约是在 S_{ab} 前后。由此往后，恒星变得越来越明显。在更早型的星云中无法分解并不必然意味着恒星不存在；它仅仅表明，如果恒星是存在的，那么其中的最亮星要比晚型星云中的最亮星暗弱。因此，这一点并非不可能：所有星云皆由恒星构成，但是恒星光度的上限在整个分类序列中系统增加，在 S_{ab} 阶段附近超过可观测下限。

这个假设不可否认的是推测性的，但在邻近的室女座星云团中被观测到的星云和恒星光度中发现了某些支持它的证据。这个星云团是由数百个星云组成致密星云群，在这些星云当中，各种类型都得到呈现(除不规则星云之外)。不同类型星云的平均光度大体上都是相同的，但 S_c 旋涡星云中的恒星从整体上来说比 S_b 旋涡星云中的恒星更亮，而在 S_a 旋涡星云中则根本没有找到恒星。这些数据进一步暗示了，逐渐增长的恒星光度可能补偿了不可分解的星云状物质的逐渐暗弱，从而维持星云总光度相对不变。

恒星和未分解星云状物质的组合照相光度完全不变，这一事实与整个序列中逐渐减小的色余紧密相关。疏散旋涡星云中的最亮星为蓝色星，而且可能是 O 型超巨星，就像在银河系和麦哲伦云中被观测到的那些一样。西尔斯[①]于 1922 年发现，疏散旋涡星云的外缘旋臂，也就是分解最明显的区域，比核区更蓝(具有比核区更小的色指数)。当时并未提出有关这一现象的任

① “Preliminary Results on the Color of Nebular,” *Proceedings of the National Academy of Sciences*, 2, 553, 1916. 又可见西尔斯的另一篇论述文章，发表在 *Publications of the Astronomical Society of the Pacific*, 28, 123, 1916.

何解释,但随后当凝聚物被证认为恒星时,颜色效应看来似乎可以归因于蓝色(早型)星。最后,当单个恒星的颜色得到测量并被发现是蓝色星后,这个解释看来得到了证实。由于在椭圆星云中未发现任何颜色的较差分布,因此,颜色随序列的系统减少看来确定无疑是与蓝巨星的渐次演化相关了。

(d)类型的相对频数

最后,星云的相对频数或者说星云数目似乎存在着某种沿分类序列的系统增长。以早型星云为主的大星云团并不符合这一规则。不过,在孤立星云的普遍视场中,在某一限定视星等的星云大样本——这些样本都非常完整且具有代表性——中都发现了逐渐增长的频数。唯一的基本必要条件是,分类必须是由具有一定规模而足以避免选择效应的照片中得到的。此种效应的作用通常会有利于早型星云而舍弃掉稍晚型的星云。

第一个按目前分类制作的第一个表格是根据霍勒瑟克在某一北纬纬度观测到的大约 400 个星云的名录完成的。根据哈佛的全天亮星云巡测可以得到一个更为全面的概要。表 4 给出了 600 个星云的相对频数,这些星云的类型是根据大反射望远镜拍摄的图版估算出来的。沿序列逐渐增长的频数在旋涡星云当中很明显,而方位效应在这里并不严重。

表 4 星云类型的相对频数

类型	频数(百分比)
E0～E7	17
S_a, SB_a	19
S_b, SB_b	25
S_c, SB_c	36
Irr	2.5

椭圆星云,除透镜形星云 E7 之外,不可能被个别处理,因为在投影图像中,真实的形态不可能从方向效应中辨别出来。比方说,一个 E0 的图像可以代表轴线处于视线方向旋转的任

意形状的星云。一般来说，一个 En 星云的图像可以代表实际椭圆率等于或大于n而方向适当的任意星云。实际椭圆率的频数分布是一个统计学问题，一旦投影椭圆率的分布从观测中获悉，它就可以很容易地得到解决。解决方法涉及星云轴的方向规律，在实践上选择的方法是对随机方向进行合理假定。

这个问题已被很多研究者讨论过，而结果并不完全一致。孤立星云的数据相当不足，在这些星云当中，椭圆星云相对较少见。更大的名录数据可以在星云团中被收集到，在这些星云团中，椭圆星云占绝大多数，但它们的解释因不同星云团之间平均类型的变化而变得复杂了。不过，看来似乎很清楚的是，与透镜形星云系统相比，球状星云相对较为罕见，而数量则沿序列随椭圆率的增加而增加。

总　结

有关相对频数的讨论结束了对正在研究中的这些天体的初步检视。秩序已经从表面的混乱中显现出来，进一步研究的计划被大大地简化了。对于星云形态的研究导致了这一结论，即星云与某一单独家族的成员密切相关。它们建立在一个基本模式的基础之上，该模式在某个有限范围内系统变化。星云会自然地归入一个有规律的结构形态序列中，并且会很容易地被归算为序列中的某一标准位置。在这一标准阶段，视大小与视亮度之间的关系正好就是同一个星云从不同距离得到检视时可望被看到的关系。弥散在星云表面特征中非常之小。因此，任何大规模的随机选取的星云集合都应当是合宜的样本。一般而言，对显著天体的详细研究结果都可以被应用到星云上。在一定程度上确信物质是同质的同时，广泛的统计学意义上的研究可以被开展起来了。

第三章

星云分布

· *Chapter Ⅲ The Distribution of Nebulae* ·

星云的分布以及它们的分类都可以在对实际距离一无所知的情况下以一种有效的方式加以研究。它的分布是根据广泛的巡测得到的。具有重要意义的数据就是比各种视暗弱度极限更亮的星云的数目。

星云巡测

星云的分布以及它们的分类都可以在对实际距离一无所知的情况下以一种有效的方式加以研究。它的分布是根据广泛的巡测得到的。具有重要意义的数据就是比各种视暗弱度极限更亮的星云的数目。随着极限推进——随着巡测向宇宙空间越来越深处推进——星云数目迅速增长，而分布上的更多普遍特征也开始越来越多地被公布。在某一极限上进行的星云巡测给出了星云在天上的分布，而星云在深度上的分布则通过在连续极限上的巡测加以对比而得到。因此，两个问题被提了出来，而真正重要的结果是在非常暗弱的极限上获得的，在这种条件下会给出最大数量的星云。

对这些数据的解释是一个统计学问题，其复杂内容不再详细介绍了。不过，这个方法的原理很简单，在介绍研究结果之前可以简要论及。假定真实的距离是未知的。不过，如果星云都有相同的本征光度（相同的绝对星等或烛光），每一单个天体的相对距离就可以通过它的视暗弱度显示出来。这样，在空间的位置就可以按照某种随意的比例得到定位，而分布的一般特征也会被清楚地揭示出来。

实际的问题很复杂，原因是这一可能性（现在已知是一个事实）：星云的光度并不相等。可能存在（而且的确存在）巨星云、矮星云以及各种中等星云。因此，仅靠视暗弱度并不能确定相对距离，而像上述提及的定位也会被引入歧途。

这个困难是以一种非常简单的方式得到解决的。不标示出

◀仙女座星云

单个星云的位置，而是将大型星云群的平均状态绘制成图。单个天体的绝对星等分散在一个相当大的范围，但随机选定的大型星云群的平均值应该会完全不变。这个简单的原理正是用以研究分布的有效的统计方法建基其上的基础，尽管它们已被推进到一定程度，允许同时考虑全部各组可能的数据。

在对分布的研究过程中，一个重要的假定也被提出。考虑一下位于一个给定的空间体积中的全部星云。巨星云、矮星云以及正常星云的相对数——更确切地说是在这些星云当中绝对星等(烛光)的频数分布关系——形成了“光度函数”。假定这个光度函数在巡测所覆盖的整个范围内都保持不变——这个函数并不取决于距离或方向——并无巨星云聚集在某区域，而矮星云聚集在另一区域的倾向。这一假定尚未由直接观测得到充分证实，但它看来似乎是合理的，而且与目前可资利用的所有信息是相符的。这将在随后的章节中说到，即使是在并未明确提及之时。

在这一假定基础上，某一由邻近星云组成的大星云群的平均绝对星等应当与某一遥远星云群的平均星等几乎是相同的。在统计学意义上来说，视暗弱度会反映出相对距离，尽管绝对距离是未知的。没有任何事物被假定与单位体积空间中的星云总数有关。在整个观测区域中的可能的变化(密度函数)是一个有待研究的问题，在光度函数不变的条件下，巡测会给出一个解答。

巡测给出的数据是依据视光度选出来的。现在也许可以顺便提及一个有趣的事实，即以此种方式——比如视星等 15 等的星云——被选中的某一组星云的平均烛光与处于某一给定体积空间的星云平均烛光并不相同。这两个量的确相互关联，但这一关系涉及光度函数的精确形式。这个题目将在稍后必须要对选择效应做出评估之时再讨论。在此仅仅作为这篇综述的前言提到的是，如果形式不变，那么不管光度函数的精确形式如何，视星等都反映了相对距离(在一种统计学意义上来说)。因此，星等 15 等的星云平均而言要比星等 20 等的星云近 10 倍，而比星等 10 等的星云遥远 10 倍。一般来说，

$$\lg(d_1/d_2)=0.2(m_1-m_2)$$

这里 d 和 m 是以(它们在巡测中所显示出的)m 为基础被选定的任意两组星云的平均距离和平均视星等。

有关分布的研究可资利用的数据有几种。较为明亮的显著的星云是被逐个了解的,尽管精确测定的星等少之又少。范围最大且带有便于使用的星等的星云表是哈佛巡测星表[①],它被认为完全覆盖了全天极限星等下至且包含 $m=12.9$ 的范围。极限星等较亮的星云可以从这个表中得到。

大致完整的巡测仍在进行中,其所使用的照相机可以将大天区记录在单个图版上,但在深度上仅为中等深度。随着更大的照相机被投入使用,每个图版上的天区会缩小,而其所达到的深度则会增加。因此,一台照相机可以将猎户座拍摄在某一单个图版上,记录的星云极限星等 $m=13$,另一台照相机可以将大熊座的勺斗部分拍摄在某一单个图版上,极限星等 $m=16$,而第三台照相机可以在某一单个图版上记录下小熊座的勺斗部分,极限星等 $m=18$。

非常暗弱的极限只有用大型望远镜才能实现,它在单个图版上记录的天区非常小,但可以达到很大的深度。比如 100 英寸望远镜的可用视野约等于满月的面积。完全覆盖全天是不切实际的,而且巡天是按照取样原则来进行的。图版主要以选定天区为中心,呈均匀分布,而且天区被假定是全天最合宜的样本。利用威尔逊山的大反射望远镜所做的深度最大的巡测——广泛而详细的结果都可用于这次巡测——将会得到非常详尽的讨论,因为它给出了暗弱星云背景的最全面图景。[②]

---

① Shapley and Ames, "A Survey of the External Galaxies Brighter than the Thirteenth Magnitude," Harvard College Observatory, *Annals*, 88, No. 2. 1932. 对暗星云的广泛计数也已由哈佛做出,但除了在少数例子中之外,已经发表的数据尚未细致到足以能对完整性与同质性的重要特征做出检视。

② Hubble, *The Distribution of Extra-galactic Nebulae*, "Mt. Wilson Contr.," No. 485; *Astrophysical Journal*, 79, 8, 1934.

在全天的分布

这次巡测包括 1283 个分别独立的样本,它们非常均匀地散布在 75%的天区。两台望远镜——60 英寸和 100 英寸——在变化的条件下不加选择地使用。随后,利用主要从数据本身得到的改正,在图版上被计数的星云数(总共约 44000 个)被改为代表标准条件下的星云数(约 80000 个)。在图版的中央区域,改正计数的极限星等为 20.0±0.1。

对这一均质材料的分析显示,除掉发生在银河系之内的遮光效应之外,星云在天空的大尺度分布大致是均匀的(图 3)。

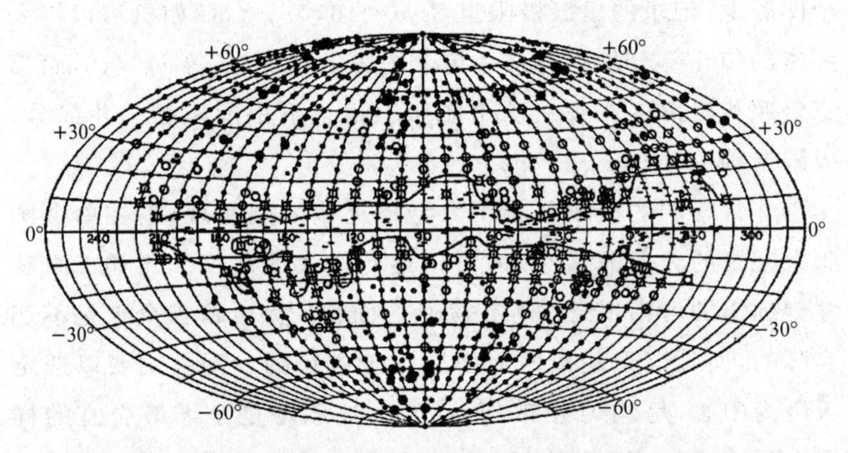

图 3 星云的视分布,显示了银河系遮光效应

样本位置以银道坐标被标绘出来。水平线 0°～0°代表的是银河系的中央平面。北银极位于上方。小点表示每个样本上星云的正常数;大圆盘和圆圈分别表示过剩和不足;横杠表示未发现任何星云的样区。

沿银河的隐带(横杠占绝大多数的区域)以局部遮光为界(开口的环形边缘),在这个区域之外,星云分布大致是均匀的。

图上最右和最左的空白空间代表的是从进行巡测的位置不可能被观测到的南天。

银河系遮光效应

银河系遮光效应的证据如下。

(a) 沿银河系中央区域未发现任何星云。大致完整的隐带是不规则且非对称的，宽度在 10°～40°之间变动。

(b) 在隐带以及局部遮光的边界线之外，每个图版的星云数以一种非常近似于余割定律的趋势随银纬增加(与这一方式颇为相似：随着恒星从地平线向天顶升起，它们会变得越来越亮，并且是通过逐渐减小的大气路径被看到的)。

遮掩云

晦暗的遮掩云，从微不足道的一小片到宽度达 100 光年乃至更大的巨大天体，遍布整个银河系。有一些明显是不透明的，另一些是半透明的，还有一些则像薄薄的面纱一样几乎难以察觉。它们明显向银盘方向聚集，沿银河数目最巨，在这里，它们在更遥远的恒星背景衬托下被看到轮廓。它们在银河系中心的方向上最为显著，在这里，它们遮住了云核，但在各个方向上都会被找到，而且它们一个挨一个地聚集在一起，从而有效地遮住了银河系边缘。[①] 这一晦暗的遮光模式勾勒出了银河的大部分的可见结构，并且分隔出很多通常被称作恒星云的天体。

晦暗的遮掩云可能是由各种形式的物质组成的，但在明显不透明或几乎不透明的云中，遮光必定主要是由尘造成的。遮

① 银河系是由一大群恒星聚集形成的非常扁平的系统——推测可能是一个晚型旋涡星云——围绕一个极轴快速自转。太阳位于基面(银盘)附近，但距离银心很远。这个系统可能有一个核，但它不可能被观测到，因为晦暗的遮掩云位于太阳与银心之间。

光不可能由其他形式的物质得到解释，除非将大得不可思议的质量归结于这些遮掩云。而且，恒星以及特别是球状星团，当它们被浓重的局部遮掩云所遮盖时，就会表现出明显的色余，这表明会发生像尘这样的选择性吸收。较亮的遮掩云可能与密度较小的云有着相同的成分，或者说它们可能主要是气态的。

这些遮掩云的视分布与星云隐带几乎相同，星云隐带是与银道面同心的一个狭长地带，由这里开始，若干发光区域一直延伸到更高的纬度。因此，以局部遮光为界的隐带可以很容易地以银河系中遮掩云的存在本身来得到解释。隐带不一定是完整的。当从明显不透明的遮掩云之间半透明的路径看去，偶尔也会有暗弱的星云被发现。位于银纬－3°的天体IC10就是一个显著的例子，它可能是一个很大的旋涡星云，但仅有一部分是可见的。[①]

吸收层

银河系中的弥漫物质已被频繁论及，它似乎是由以银道面为中心的一个处于不变深度的均质层组成的。由于大多数遮光效应都要归因于相互独立的遮掩云，因此这一处理正如一个粗略的近似值一样很可能对人产生误导。不过，暂且忽略这些遮掩云不计，有大量证据表明存在某种稀薄的介质，产生出某些微小的吸收，这近似于一个均质层的行为。这一介质也许遍及银河系的整个主体，或者说它也许会是一个扁平的透镜状云，它如此之大以至于在深度上的变化几乎察觉不到，正如从地球上观测到的那样。无论是在哪种情况下，一阶效应（first-order effect）都几乎相同。

这样一个吸收层存在的证据很清楚，而证据来自在没有遮

① Mayall, "An Extra-Galactic Object 3 from the Plane of the Galaxy," *Publications of the Astronomical Society of the Pacific*, 47, 317, 1935.

掩云的区域所做的星云巡测。每个图版上的星云平均数在银极（与银河系平面垂直）区域最大，在这里，因某一均质层造成的遮光效应应当最小。从银极朝向银道面，每图版的星云数以某种方式随纬度减小而减少，这一方式表明遮光效应与光穿过某一均质层时所经路径长度成比例。换言之，以星等表示的遮光效应为 $C \times \csc\beta$，在这里，C 是银极处的遮光效应，β 是纬度。在图 4 中，这个关系通过一个高度简化的图表得到说明。

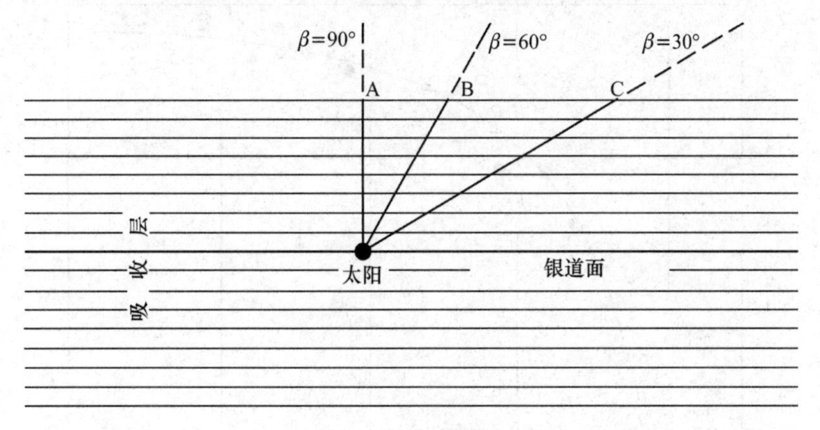

图 4　吸收层图示

当从太阳附近观察，银河系外的天体被遮蔽的程度取决于光通过吸收层的路径长度。在银极方向被看到的天体，遮光最小，而且这一遮光效应随着纬度减小而增加。

由于 $\beta=30°$ 处的遮光正好是 $\beta=90°$ 处的二倍，因此这个差异显示了位于银极处的实际遮光效应。它大约是 0.25 星等，因此，吸收层的总“光学厚度”约为 0.5 星等。每图版的星云数根据纬度效应做出改正，并且通过下述关系式（图 5）被归算为一个均质系统，它呈现了与银极处相等的均质遮光效应：

$$\lg N = \lg N_{\beta} + 0.15\csc\beta$$

除了在非常低的纬度处之外，由巡测得到的数据给出了一个由稀薄物质组成的无限延伸的均质层的图景。但在银道面附近发现了某种系统偏差，显示出银心方向的遮光比与银心相反的方向更大。这个差异并不是非常重要，但它们暗示了这一可能性：遮光源也许可以被更为合理地描绘为一个非常扁的透镜形遮掩云，而不是一个无限拉长的均匀物质层。在这一图景中，太阳会位于这个遮掩云中央平面的附近，但距离中心非常之远。因此，某些方向上的遮光会比其他方向更为严重。少数此类遮掩云实际被观察到呈现出暗淡的、透镜形的轮廓，它沿银河系的中央平面延伸数度。

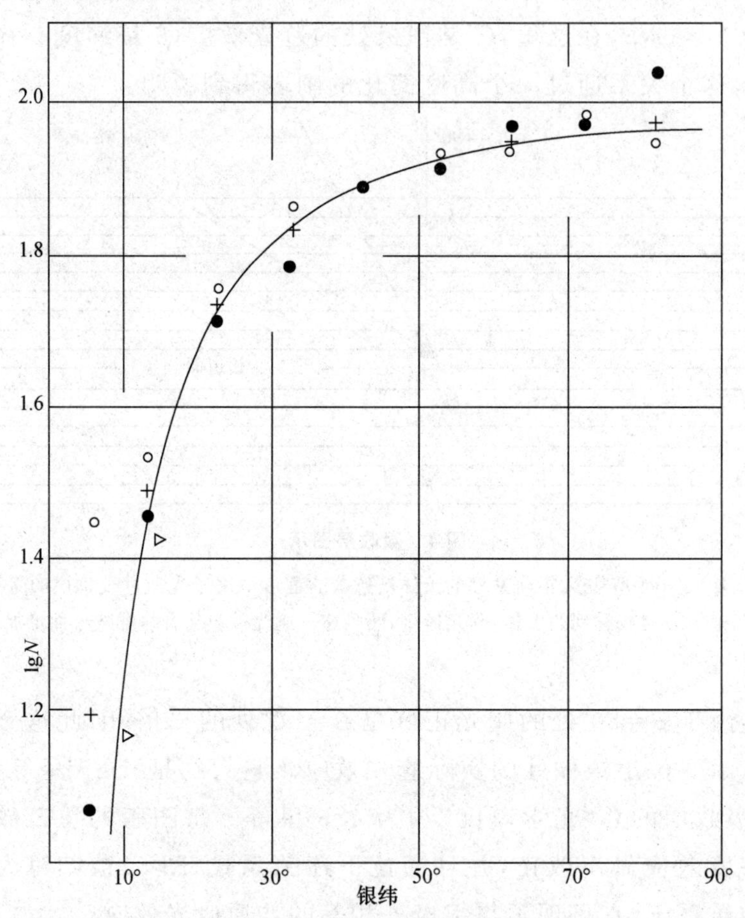

图 5　由星云视分布显示出的吸收层造成的遮光

每单位天区(比某一指定极限星等明亮)的星云平均数随该天区的银纬而增加，其方式严格遵从余割定律：

$$\lg N = 常数 - 0.15\csc\beta$$

圆圈和黑点分别代表来自北银河半球和南银河半球的数据；十字是二者的平均值。两个三角形代表在低纬度取得的补充数据。

稀薄层(或云)中的吸收与不透明或半透明云中的吸收是不同的,最基本的差异在于它的非选择性。所有的颜色都以相同的强度被吸收(在测量误差范围内),而且星云颜色也没有随银纬变化而发生的可测量到的变化。由斯特宾斯及其同事所测定的位于低纬度的球状星团以及早型恒星的色余则截然不同。[①]这些颜色效应表现出了某种与纬度明白无误的相关性。不过,更为显著的情况是在星云的隐带内,而且与已知的遮掩云关系相当密切。与在这些云中的位置而非与纬度之间的相关性很可能是最根本的相关性。

银河系遮光的研究还处于发展时期。这些物质包括遮掩云、弥漫介质以及恒星光谱中固定谱线的未知源。初步的讨论很自然地倾向于把它们归到一起,并且消除各种不同效应的差异而归入统计的一致性。后来的进展无疑将突显与均匀性背离之处,而且在这一关系中,选择性与非选择性吸收之间的区别有着重要的意义。

普遍视场

局部遮光在星云分布研究中的重要性是显而易见的。我们身处遮光物质中间,而它的影响必定在真正的分布被揭示出来之前就被消除了。天空可以被粗略划分为银河带(纬度−40°至+40°)和极冠(纬度40°至90°)。银河带包括隐带、发光部分以及局部遮光构成的边缘部分,它给出的信息主要关乎局部遮光。极冠没有受到局部遮光的严重影响,它们所给出的信息主要关乎星云的分布。

---

① Stebbins, "Absorption and Space Reddening in the Galaxy as Shown by the Colors of Globular Clusters," *Proceedings of the National Academy of Sciences*, 19, 222, 1933.

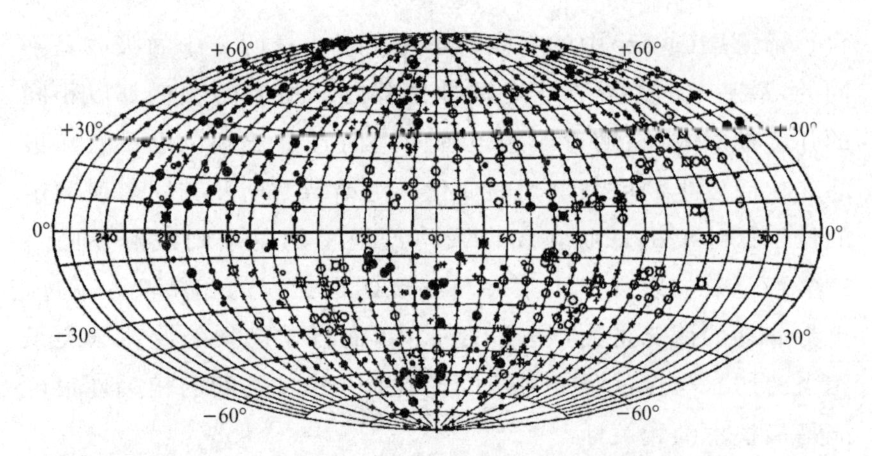

图 6　当观测根据银河系遮光得到局部改正后的星云分布

该图的方向与图 3 的方向相似。星云计数已根据纬度效应(吸收层)而做出改正,但云的影响仍然存在,无论云是透明的还是半透明的。

十字显示的是拥有正常星云数的样本(lg$N$ 与平均值相差不超过 0.15);小圆点和小圆圈表示适度的过剩和不足;大圆点和大圆圈表示相当大的过剩和不足。除了遮掩云的影响之外,并无迹象显示星云在天空的分布存在显著的系统变化。

由于极冠的面积相对较小,极冠之内的分布并不能代表在天上的总体分布。但是,当吸收层的影响被去除掉之后(图 6),通过密切观察整个视野中的星云直至位于以局部遮光为边界的隐带之外的大片发光区域的银河带,有可能得到额外的信息。以此方式,星云的分布就可以被勾勒出轮廓,其所覆盖的经度范围甚广,而在纬度上所涵盖的范围则一直低至 15 度。这些数据就个别来说不如那些仅仅适用于极冠的数据精确,但大致的结果在大至可以被可靠地探测到的视野范围内是完全一致的。这些结果如下:

(a) 两个极冠,即北极和南极,是相似的,而在数据的误差范围内,星云分布是一致的。

(b) 在整个视野范围内,星云的分布中没有可测得的系统变化。

(c) lg$N$ 的单个值——这里 N 是每张图版上的星云数——大致在全部数据的平均值附近随机分布(lg$N$ 的频数分布近似

于一条正态误差分布曲线)。

全天大尺度分布

根据两个极冠之间,或者更广泛来说,两个银河半球之间的一致,可以推断出太阳位于弥漫物质构成的吸收层的正中平面附近。而且,这一平面在银道面附近。极冠之间的这种一致,以及无论是经度还是纬度上都不存在系统变化,这也许可以被概括为这一论述,即全天范围的大尺度分布近似为均质的。用专门术语来说,星云分布是各向同性的——在各个方向上都相同。

该结论是从天空的仅仅一小部分得出的。隐带连同它的边界地带从可能的观测天区中抽掉了大片天区,此外,大约25%的天空不可能从进行巡测的位置被有效地观测到。不过,被研究天区包括两个极冠——整个的北极冠和60%的南极冠——以及可能占银河带三分之二的遮光不那么严重的部分。这些区域的广度以及模式看来似乎构成了作为一个整体的天空的完美样本,而完全不存在可测得的系统变化这一点则强烈暗示了,应当可以预期的是,在未被观测到的天区并无显著背离分布上的各向同性的任何迹象。

在深度上的大尺度分布

在深度上的分布是通过星云数随视暗弱度增加的增长率——换言之,通过对比各种不同的星云群与群分布其中的空间体积——得到反映的。如果光度函数并不取决于距离的话,那么,在统计学意义上来说,视星等也就反映了相对距离。因此,相比某一指定星等 N_m 更为明亮的星云的数目所表示的就是某一特定半径的天球范围内的星云数。对一系列半径逐渐增大的天球内所包含的星云数的比较——更一般地说就是 N_m 与 m 之间的关系形式——给出了星云在深度上的分布。

由于星云数与计数工作所扩展至的空间体积成比例，则均匀分布可以由这一简单的关系式[①]表示：

$$\lg N_m = 0.6m + \text{常数}$$

这一关系甚至与偶然的观测数据也非常近似。因此，对于星云在深度上的分布的认真研究主要限定在对均匀性的微小偏差的探究以及对常数的精确估计。当光度函数已知时，常数决定了数量分布——每单位空间体积的星云数。

初步的结果最初来自对较亮星云的计数，这些结果证实了银河系最邻近处星云分布的近似均匀性，对于这些星云，粗略估算的星等可资利用。当极限星等延伸至非常暗弱的程度时，类似结果是稍后通过标绘出每照相图版的星云数与曝光时间的关系而得到的。通过极限星等在图版上随曝光时间变化的已知比率，这一关系可以被转换为 N_m 和 m 之间的关系。

目前可资利用的数据是用大反射望远镜对已得到确认、极限星等范围在 18.5～21 等的星云所做的几次巡测。详细结果将会在稍后涉及与均匀性微小的可见偏差——它被解释为红移效应对视光度的影响——时加以讨论。当根据此种效应做出适当改正后，该数据就显示出了利用现有望远镜进行的巡测所能达到的星等极限时的均匀分布（在很小的研究误差范围内）。这些结果被总结为这一关系：

$$\lg N_m = 0.6(m - \Delta m) - 9.09 \pm 0.01$$

这里 N_m 是每平方度的星云数，Δm 是星等为 m 时的红移效应。

---

① 假设 d 表示与视星等 m 对应的距离，V 表示半径为 d 的天球体积，C——带下标或不带下标——表示不同的常数。那么，

$$\lg d = 0.2m + C_1$$
$$N_m = C_2 V = C_2 d^2$$
$$\lg N_m = 3\lg d + C_4$$
$$= 0.6m + C$$

在将星云的均匀分布与银河系中恒星的逐渐稀疏加以对照时,望远镜的放大倍率就达到了惊人的程度。恒星构成了一个孤立的系统,而恒星密度则从中心向边缘稳定地减小。因此,对于一个身处这个恒星系统之内的观测者来说,比某一指定极限星等更为明亮的恒星数随星等而增加,但增加的速度则稳定下降。这一现象在银极方向尤其显著。在这些方向上,与这个恒星系统边界的距离最大,而在视线内的恒星总数则最小。

在亮度适中的极限星等上,每平方度恒星数远远超过星云数,而增加的速度对二者来说几乎是相同的。随着被观察到的星等极限越来越暗弱,星云的增加比率保持恒定不变,而恒星的增加比率则稳定下降。最终,每平方度的星云总数就会接近恒星总数。在银极的区域,可望在 21.5 左右星等时达到相等,这一星等大约是用 100 英寸反射望远镜在良好条件下星云可以被证认出来的极限。由于在极高纬度所做的最大限度的有效曝光记录了像恒星一样多的可辨认的星云,这些预期都被实现了。正如已经说到的,这一事实相当惊人地体现出了望远镜的放大倍率。

在深度上的均匀分布清楚表明,星云并不是银河系的成员。所涉及的唯一假设是合理的,即星云的光度函数并不会以某种精确补偿因密度减小而造成的数量减少的方式随距离发生变化。这样一种变化具有太多人为因素,而且是不可能发生的。因而,星云世界,即使没有与它所借由构成的尺度相关的更进一步的信息,看来似乎也是一个确定的实在,它与恒星的世界截然不同。

小尺度分布

星云的小尺度分布,正如在小样本当中的变化推得的那样,显然是不均匀的。星云既有单个被发现的,也有被发现处于各种大小不同的星群乃至由数百成员组成的偶发巨大致密星团中的。只有将大样本加以比较,星云成团的趋向就会达到平均值,而分布则会接近均质。

相对稀少的大型星团被排除在巡测之外,并将在稍后得到描述。当前的讨论仅限于孤立星云和小型星云群。小尺度变化的特征——正如某一特定巡测中所得到的——取决于每个样本中星云的平均数,换言之,取决于每个样本的平均空间体积,不管该体积所代表的是一个延伸至某一中等深度的大角度区域,还是延伸至某一巨大深度的小角度区域。

在星等为 20 等的巡测中,位于极冠的中等样本在被归算为标准条件之前得到实际证认的为每图版约 45 个星云。计数的归算及其向每单位面积数目的转换,使得对样本当中的变化的简单呈现变得复杂化了,但是有一个结果是清楚而意义深远的。

如果星云就单个而言是随机分布的,那么每样本的星云数 N 就会在平均值附近几乎呈对称分布。实际上,在小样本存在某种显著过剩的意义上,被观测到的分布是不对称的。N 的频数分布所依循的是一条偏斜的或者说"偏态"曲线。

这一偏态曲线小部分是由数据的局限性以及观测与归算中不可避免的误差引起的。其余部分推测可能与星云成团的趋势有关。普遍视场中星云的某种聚集就会形成一个超大型样本以及若干个超小型样本。这一过程,当以某种足够的规模发生时,就可以对巡测中样本的偏态分布做出定性化的解释。假设存在某种星云成团的趋势,那么,N 的不对称分布(如果 N 比较小的话)也就是必然的结果了。

目前已广为人知的是,在此类(小样本过剩或正偏态)频数分布关系中,以 $\lg N$ 代替 N 往往能恢复对称状态。星云巡测的显著特点就是这一事实,即这种替代之策可以完全消除偏态,并且精确恢复至对称状态。结果显示在图 7 中,这里同时标绘出了每个样本的 N 值和 $\lg N$ 值的频数曲线。$\lg N$ 的频数分布曲线非常近似于一条正态误差分布曲线,并通过平均值以及散度或者更确切地说离差 σ 得到充分描述。

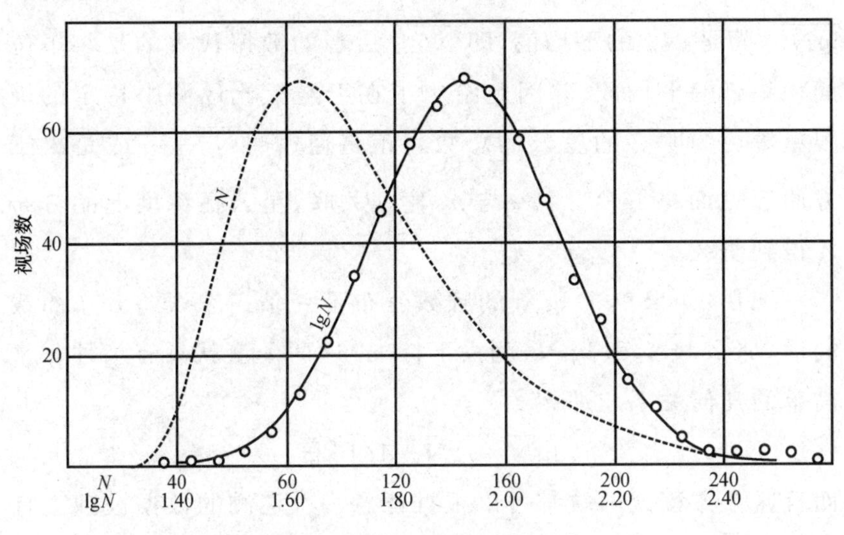

图 7 不同大小样本的频数分布

圆圈代表样本数，在这些样本中，星云数的对数有不同的值。从圆圈穿过而画出的平滑曲线是一条正态误差分布曲线。误差曲线的紧密贴合表明，每样本的 lg$N$ 值在所有样本的 lg$N$ 平均值左右随机分布。

当每样本星云数被替换为对数时，频数分布所呈现的就是虚线标示出的不对称曲线。

这一特点看来似乎是星云分布的普遍特征。在所有那些一直保持确定的极限星等，并将银河系遮光考虑在内的巡测中，都发现了这一特点。在每种情况下，每样本的 $\lg N_m$（m 是极限星等）依循一条正态误差分布曲线，巡测由两个量得到描述，即 $\overline{\lg N_m}$ 和 σ。随着极限星等 m 增加（变得更为暗弱），$\overline{\lg N_m}$ 会增大，而 σ 则会减小。最后，对于使用了非常巨大样本的巡测而言，离差与研究中的偶然误差相差无几。这些巡测往往与均质全域的随机取样理论相符，因此，星云的大尺度分布被假定为在统计学意义上是均匀的。

这里也许可以被顺便提到一个技术性要点，因为它强调了以正态误差分布曲线表示每个样本的 lg$N$ 值分布所具有的精度。每次巡测的性质都由 $\overline{\lg N_m}$ 和 σ 来得到描述。不过，对于不同巡测之间的比较来说，有效数据并不是 $\lg N_m$ 的平均值即 $\overline{\lg N_m}$，而是 N_m 的平均值，即 $\overline{N_m}$。后者的数据代表的是每单位面积星云的平均数，并因此给出了在天空上比巡测中特定的极限星等更为明亮的星云的总数。正是通过将 $\overline{N_m}$——或是出于方便起见而将 $\lg \overline{N_m}$——与 m 建立关联，星云在深度上的分布才得到研究。

现在，如果单个 $\lg N$ 的频数分布是一条正态误差分布曲线的话，那么 $\overline{\lg N}$ 和 $\lg \overline{N}$（删去下标 m）这两个量就具有某种非常简单的几何关系。那么[①]，

$$\lg\overline{N}=\overline{\lg N}+1.152\sigma^2$$

而且这个方程式两端都可以根据任意一次巡测的数据被独立计算出来。利用大反射望远镜所做的五次可资利用的巡测已经进行了这样的计算。对方程式两端的比较所显示出的平均差值，以对数表示为 0.002，或者以数字上表示为约 0.5%。如前所述，该结果突出表明了条件被满足的精确度。

通过转换为对数从而恢复为对称状态，这一恢复是如此精确，以至于它所显示出的更多的是星云数的某种特征而不是星云分布的某种特征。不过，在数学运算中尚未找到任何令人满意的解释，因此后一种选择看来似乎也极有可能。这个特点因而可以作为星云成团趋势的某种说明和写照。

很清楚的是，星云群和星云团并非由孤立星云随机（统计学意义上的均匀）分布叠加而成，其关系是有机的。普遍视场中的凝聚可能会形成星云团，或者星云团的蒸发也可能形成普遍视场的成员。对被观测到的分布加以描述的方程无疑可以基于任一假设而被公式化，而且在得到解答之时，则将会极大地促进对星云演化的思考。

星云成团的趋势看来似乎在有限尺度上是有效的。而在比

① 这一实用的关系式是通过加州理工学院的托尔曼教授而引起笔者注意的。

大型星云团更大的尺度上尚未确切知道存在任何组织系统，也并不知道有以数以千计之多的成员组成的星云团。实际上，星云团的成员最大上限可能要小得多。一般来说，相对于某一单个星云团而言很大的样本，往往都符合随机取样原理。每个样本中 N 的频数分布应该会近似于正态误差分布曲线。比较小的样本将会显示出 N 的非对称频数分布，成员稀疏的视场呈现某种超额峰度。在这种意义上来说，可实现的巡测中的平均取样都很小，并且被观察到正偏态。

最大的平均取样——在达到最暗弱的极限星等 $m=21$ 的巡测中被发现的——是在每个图版上实际被证认出大约 200 个星云。$\lg N$ 中的相应离差很小，$\sigma=0.084$，观测误差的影响推测可能与星云分布的真实离差大致相等。在这样的条件下，偏态并不非常明显。有了更大的平均取样，它可能就是微不足道的了。

星云群

星云群和星云团在有关星云性质以及分布的研究中都是重要的，因为它们每一个都代表了由位于相同距离的所有天体聚集而成的一个样本。尽管某个星云群的距离可能是未知的，但其成员的相对视大小如实反映了它们相对而言的绝对大小。

双星云和三重星云为数众多。旋涡星云 M51 是一个双星云。仙女座中的大旋涡星云 M31 以及它的两个伴星云 M32 和 NGC205 是一个三重系统，而银河系与作为伴星云的麦哲伦云也是相似的情况。各种类型的星云都在这样的系统中得到呈现，因此它们也提供了与处于分类序列各个不同阶段的相对大小有关的信息。此外，一旦它们的距离已知，这些非常致密的系统也就让人们有机会根据视向速度的统计研究来推得星云的质量等级。所涉及的方法与那些被用来根据双星成员的轨道运动以确定双星质量的方法很相似。

较大的星云群也会遇到，它们与较为稀疏的疏散星团相类似。银河系就是这样一个星云群的成员之一，而与它邻近的群成员就是其距离最早得到确定的星云。最为可靠的距离标尺，也就是造父变星研究，仍然几乎完全局限于这个本星系群之内。小型的星云群看来似乎比大型的星云群为数更多，但出现频数随群成员数变化的准确方式尚未得到确定。由于确切的信息悬而未决，因此在从星云群以及稀疏星团直至这个大星团本身的整个范围内，假定频数都随群成员数增加而减少。

星云团

星云团的命名仍然很随意，而且在这些讨论中，“星云团”一词将仅限于大星云团。“星云群”一词将被用来表示所有较小的系统。星云团相对较为少见。实际已知的大约有 20 个，尽管零星的数据暗示了，在星等暗至 20 等的巡测中，也许可以预期的是每 50 平方度一个星云团。

从外观上看，星云团都非常相似。每个星云团可能平均包含有 500 个成员在内，其范围大约为五个星等。星等的频数分布形式（巨星云、矮星云以及正常星云的相对数）很难确定，但看来似乎在平均或是最大频数星等附近是呈对称分布的，而且大致近似于一条正态误差分布曲线。频数曲线中较亮的几段曲线也更为可靠，因为在整个视场中，明亮的巨星云在较为暗弱的星云当中明显更为突出。这几段曲线在不同星云团中是如此相似，以至于或许最亮的前十位成员的星等可以用来作为星云团本身可见特征的可靠体现。

所有成员的平均星等已在相对不多的个案中被直接确定，它们大体上提供了最为可靠的标准。此类测定事关星云团成员与处于整个视场中的星云的区别。尽管在较明亮成员的情况中问题很简单，但由于星等相当的场中星云数相对较多，因此在较暗弱的星云团成员的情况中充满了不确定性。一般而言，某一星云团中的平均或是最大频数星等估计仅比最明亮的成员暗2.5等，或是比第五亮的成员暗2.1等，或是遵循某种相似的经验规则。

星云团仅在致密程度适度的范围内变化，而且，朝向中心的聚集虽然能看得出来，但并不非常显著。从后一点来说，星云团更像疏散星团，而不是球状星团。各种类型的星云都得到呈现，不过与普遍视场相比，更早型的星云类型并且尤其是椭圆星云在星云团中占绝大多数。在一定意义上来说，每个星云团的特点都可以借由某一出现频数最大的星云类型而得到说明，尽管那个类型的离差相当之大。有某种迹象表明，在具有代表性的星云类型与致密度之间存在某种相关性，星云团的密度随最大频数类型沿分类序列推进而减小。这些数据并不完整，但由于晚型星云在普遍视场中的孤立星云当中占大多数，这些数据也就暗示了一种可能性，即星云可能起源于星云团内，而星云团的分崩离析可能构成了普遍视场中的那些星云。不过这一推测还是一个尚处于非正式讨论的问题，而非学术论文的论题，而在能够做出认真考虑之前还将需要更多数据。

假定星云团中出现的星云的大样本采集可以实现的话，各种不同样本的平均绝对大小应当会相当具有可比性。这个假定由于星云团的可见特征而得到佐证。一般而言，这些特征与某一单个典型星云团出现在选定距离时的特征相似。基于这一有关绝对可比性的初步假设（它与目前所能得到的所有数据相符），星云团的相对距离就可以通过星云团成员的平均视光度或者（出于实用的考虑）通过较亮成员的视星等得到反映。随后，在最近星云团的绝对距离被确定后，所有被观测星云团的绝对距离都可以即刻得到。

既然最暗弱的星云团是单个距离可以指定的最遥远的天体，那么当需要进行大距离观测时，最暗弱的星云团就被选中，并且为方便起见,观测会针对最明亮的星云团成员来进行。星云团中的这些最亮星云代表了对于某一指定视光度而言的最大距离。

巡测的结果可以简要概括一下。小尺度分布是不规则的,而在大尺度上,分布近似于均匀的,并未发现任何梯度。在任何地方以及任何方向上,可观测区域完全都是相同的。

星云并不是这个恒星系统的成员。这些恒星组成了一个孤立系统,而这个系统被嵌入在星云世界之中。

这个星云世界的成员各自分散并且处于星云群中。成群的频数随群的规模增加而减小。星云群是从普遍视场中形成的集合,而非交叠于视场之上的另外的群。最大的星云群——大星云团——是相似得令人不可思议的组织系统,而它们的相对距离通过它们的视大小得到反映。

图版Ⅲ　星云群(NGC3185,3187,3190,3193)

图版Ⅲ说明

该星云群(位于狮子座中;银经 180°;银纬 +56°)呈现了多种星云类型——E2(3193),S_a(3190),SB_{ab}(3185)以及 SB_c(3187)。视星等范围约为 12 等至 13.5 等,平均视星等为 12.65 等,或者在根据局部遮光(纬度效应)做出改正后,平均视星等约为 12.6 等。

这个小样本的平均本征光度推测与一般星云基本相同。后者(见第 7 章)的绝对星等 $M_0 = -14.2$。因此,狮子座星云群的距离——正如系数 $m-M=26.8$ 所表明的,约为 750 万光年。

赫马森已在该星云群的一个星云(3193)中测量了视向速度为 810 英里/秒(1300 千米/秒)时所对应的红移量。这一速度根据太阳运动进行了改正(见第 5 章),它显示了该天体距离为 700 万光年(见第 7 章),这个值与根据光度推得的结果完美相符。

该图版是用 100 英寸反射望远镜于 1935 年 12 月 24 日拍摄而成;页面顶端方向为北;1mm=5.″7。

图版Ⅳ　北冕星云团

图版Ⅳ说明

北冕星云团(赤经 $15^h19.3^m$,赤纬 $+27°56'$,1930;银经 $10°$,银纬 $+55°$)是大型致密星云团的一个典型样本。大约400个成员聚集在与满月大小相当的一片天区内,其中大部分都是椭圆星云。最亮成员的视星等 $m=16.5$;第五亮成员的视星等 $m=16.8$;所有成员的平均视星等 $m=19$(估计值)。最暗弱的成员推测可能在100英寸反射望远镜的观测极限(约 $m=21.5$)。局部遮光改正以及红移效应将上述这些星等减少了约0.25等。

由于这个星云团的成员平均约为6.1等,比室女座星云团成员更为暗弱,因此它们的距离大约为后者的16.5倍。赫马森在北冕星云团的一个较亮的星云中测量过13100英里/秒(21000千米/秒)的视向速度所对应的红移量。这个速度是室女座星云团的17倍,与相对光度非常一致。北冕星云团被采用的距离值是根据这个星云团中的第五亮星云的平均绝对星等推得的。由于 $M_5=-16.4$(第7章),则系数 $m-M=32.95$,距离为1.25亿光年。

该图版于1933年6月20日用100英寸反射望远镜摄取;页面顶端为北;$1mm=2.''9$。

在哈勃之前，人们围绕着天空中那些斑点状星云究竟是银河系内的物质还是银河系外的星系展开了争论。“岛宇宙”理论认为星云是类似银河系并处于银河系外的星系，整个宇宙就像大海，无数的星系犹如群岛散布在广袤的虚空中。这一理论后来被哈勃证明是正确的，但是此前，人们并不确信，因为长久以来人们都认为银河系就是整个宇宙。两种观点自提出到被证明，曾经历了长期的争论。

▲ 哈勃太空望远镜极深空照，其中每一个光斑代表一个星系。

▲ 英国天文学家雷恩爵士（Christopher Wren，1632—1723）

当伽利略用望远镜第一次对准天空，发现银河的本质是无数恒星聚集的集团之后，雷恩爵士就提出了有关“岛宇宙”的猜想。

◀ 德国哲学家、科学家康德（Immanuel Kant，1724—1804）

在其早年杰出的天文学著作《宇宙发展史概论》中，他以天才的思辨系统地阐述了“岛宇宙”理论。

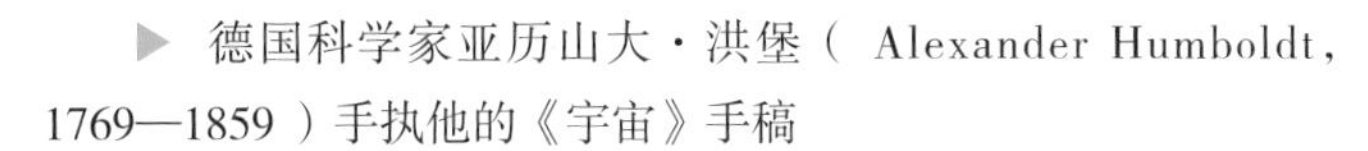

▶ 德国科学家亚历山大·洪堡（ Alexander Humboldt，1769—1859）手执他的《宇宙》手稿

1845—1862年，洪堡出版了5卷本《宇宙》，“岛宇宙”的术语正是来自这部书中。

无论是雷恩爵士还是康德，他们对“岛宇宙”的认识都是一种直观的猜测或是天才的思辨，而非精确观测和科学计算后的实证。因此，“岛宇宙”理论长期以来并未得到科学界的普遍认同。且不说古代和中世纪人们一直认为太阳系就是整个宇宙，地球居于中心。即使近代哥白尼提出日心说后，也仍未脱离太阳系的狭小范围。当伽利略发现银河系的本质后，人们的视野扩大了。尽管“岛宇宙”理论应运而生，但实际上银河系就是那时人们所知的整个宇宙，这种认识在当时显然更具普遍意义。甚至到了现代，天文学家卡普坦更是提出了这种单一星系观点下新的宇宙模型——卡普坦宇宙。对这一宇宙模型进行反击的突破首先由美国天文学家斯里弗取得。

◀ 荷兰天文学家卡普坦（Jacobus Kapteyn，1851—1922）

他在总结前人观点的基础上提出：太阳位于银河系的中央，不可能有其他星系存在。这种宇宙模型被称为“卡普坦宇宙”。

▲ 美国西北大学埃文斯顿主校区

1914年8月末在此举办的美国天文学会年会上，来自洛厄尔天文台的天文学家斯里弗对星云的突破性研究令所有天文学家一致欢呼。哈勃未来的成就也是建立在这个基础上的。

▼ 仙女座星系（NGC224）

旧称仙女座星云（M31），是距银河系最近的大星系，也是在哈勃之前最易引起关注的河外星系，哈勃及其同时代科学家们的一系列成就都是首先在仙女座上取得突破的。

◀ 美国天文学家斯里弗（Vesto Slipher，1875—1969）

他最早发现，除了仙女座星云外，其他星云都在以巨大的速度远离我们。但是他未能给出星云间的距离，因此无法判断那些星云究竟是在银河系内还是银河系外。

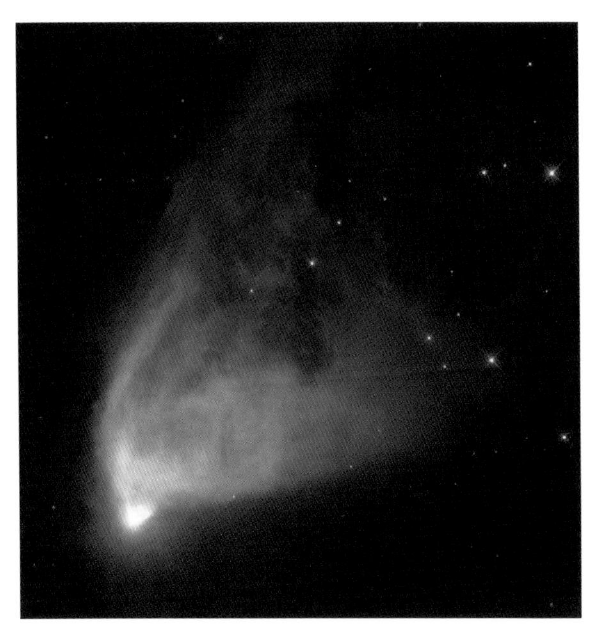

◀ 哈勃可变星云

斯里弗的研究引发了一场科学竞赛，许多天文学家都开始沿着斯里弗的路径深入探索，哈勃也不例外。很快，他就发现北天里彗状星云的后部在长达八年的时间内明显鼓起，强有力地证明它相对太阳是小而近的。而且他还发现在拍摄彗状星云时所拍摄到的暗星大量存在于太阳附近。

▶ 银河系中船尾座的造父变星

造父变星是一种特殊的恒星，其亮度呈现周期性变化，而且相似性质的造父变星的光变周期十分相近。这意味着，无论它们的视亮度多大，也无论它们位于天空的什么地方，造父变星就像标准烛光一样，可以作为计算星云间距离的依据。

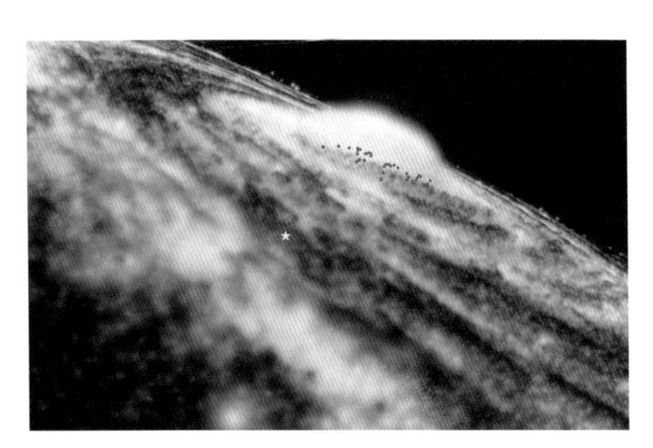

◀ 银河中心的造父变星图

这是一幅艺术图，其中标红色点即造父变星，黄色五角星为太阳所在位置。

▶ 美国天文学家莱维特（Henrietta Leavitt，1868—1921）

正是她发现了造父变星亮度与周期关系（简称“周光关系”）的秘密，从而为测量星云间的距离开辟了道路。

历史给过沙普利一次机会，他本可以做出与哈勃同样伟大的发现，但是他太迷信自己的理论和范玛宁的错误，而把这个机会错过了。对星云本质的揭秘仍然与造父变星不可分割，但是要找到合适的造父变星仍然需要时日。历史把这个机会留给了哈勃。作为“星系天文学之父”和观测宇宙学的奠基人，哈勃最主要的成就有三项：（1）一锤定音地解决了旋涡星云的本质问题；（2）建立了沿用至今的哈勃星系形态序列；（3）发现“哈勃定律”，支持了宇宙正在膨胀的观念。

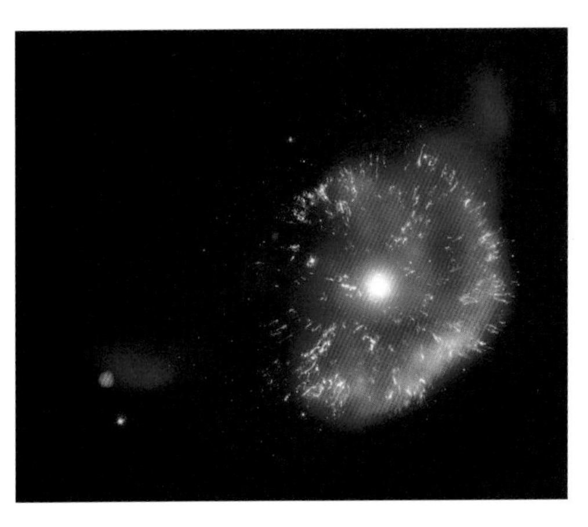

◀ 一颗新星

1923年，哈勃就其在旋涡星云中发现的新星与美国天文学家斯特宾斯（Joel Stebbins，1878—1966）进行了彻夜长谈。他们一致认为，只要具有这种新星的旋涡星云足够多，就能够计算其平均视亮度，从而可以按造父变星的办法估计旋涡星云的距离。

▶ 超新星遗迹——蟹状星云

1923年10月，与斯特宾斯的谈话后不久，当哈勃在他的仙女座星云底片上搜索新星时，却意外地发现了一颗造父变星。哈勃正是通过它一举结束了沙普利与柯蒂斯的世纪之战。由此，“岛宇宙”理论大获全胜。

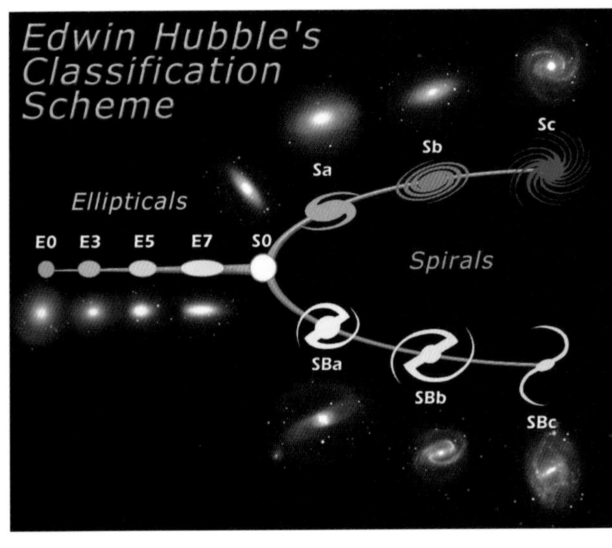

◀ 哈勃星云分类音叉图

1923年7月，哈勃向国际天文学联合会星云和星团专业委员会递交了他对星云新的分类系统图，后来他又进一步完善，这就是著名的“音叉图”，它成为以后国际天文学的标准分类。

图中的叉柄是椭圆星云，它分成双叉，其中上面的红色叉是由正常旋涡星云组成，下面的黄色叉是由棒状旋涡星云组成。

▲ 棒状旋涡星云

与正常漩涡星云不同，棒状旋涡星云（简称“棒旋星云”）的旋臂起源于穿过云核的“棒”的两端，而非云核本身。

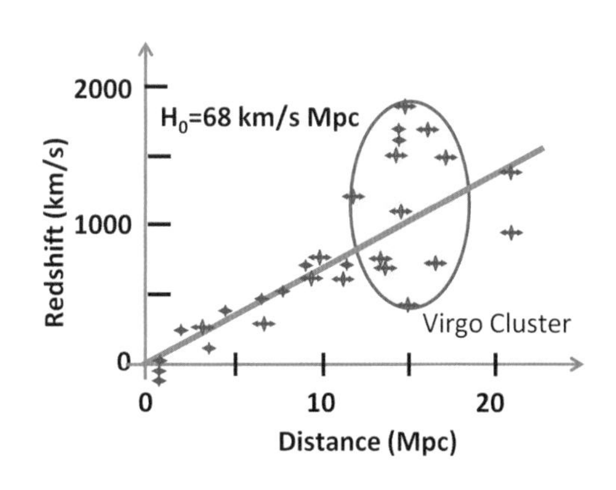

▲ 星系红移速度与距离关系（哈勃定律）图

哈勃发现河外星系不仅在远离我们，而且远离的速度也是有规律的，那些离我们越远的星系逃离的速度越大，这表明宇宙正在膨胀。

◀ 苏联数学家、宇宙学家亚历山大·弗里德曼（Alexander Friedmann，1888—1925）

弗里德曼在1922年根据广义相对论精确地预言了宇宙处于膨胀中。这要早于哈勃的观测，只是理论需要验证。

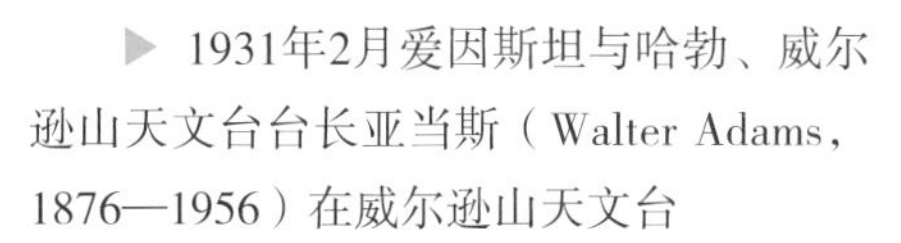

▶ 1931年2月爱因斯坦与哈勃、威尔逊山天文台台长亚当斯（Walter Adams，1876—1956）在威尔逊山天文台

爱因斯坦得知哈勃对红移的发现，既震惊又兴奋，这意味着他的宇宙常数成了画蛇添足。来到美国后他立刻前往威尔逊山会见哈勃，并在哈勃的陪同下亲自使用胡克望远镜进行了一番观察。

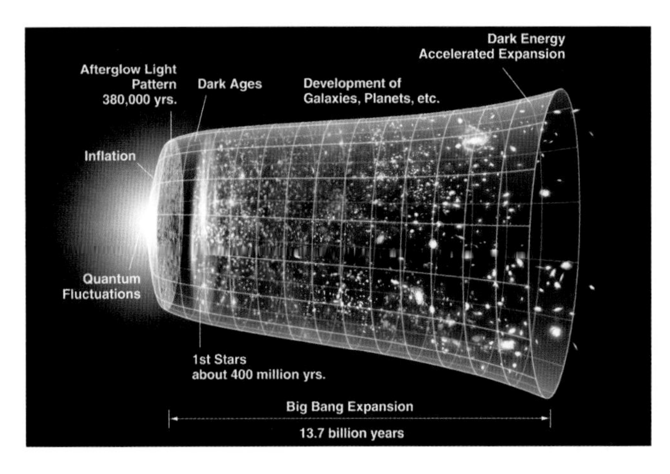

◀ 暴涨时期的宇宙

根据大爆炸理论可以推导出宇宙的年龄。然而，由于哈勃常数值定得太大，根据哈勃定律推导出的宇宙年龄仅为18亿年，这比地质学家估算的地球年龄还要短，显然有误。

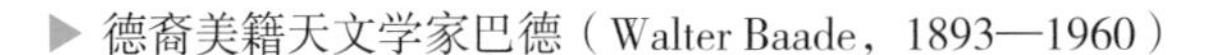

▶ 德裔美籍天文学家巴德（Walter Baade，1893—1960）

1942年，他提出对造父变星等变星本质的新认识，从而为修正哈勃常数提供了根本的依据。由此，人们认识到星云间的距离比哈勃计算的更加遥远。这使天文学与地质学取得一致结论具备了可能性。

◀ 美国物理学家费米（Enrico Fermi，1901—1954）和钱德拉塞卡（S. Chandrasekhar，1910—1995）

20世纪50年代，以二人为代表的诺奖委员会一致投票推选哈勃为物理学奖得主。这是首次推选一位天文学家，但遗憾的是，哈勃在关键时刻突然去世，失去了机会。

◀ 哈勃太空望远镜

哈勃使世人认识到银河系只不过是宇宙中的沧海一粟，从而深深地影响了人们的世界观。为了纪念哈勃，1990年发射升空的太空望远镜以他的名字命名。

第 四 章

星云的距离

• Chapter Ⅳ Distances of Nebulae •

“岛宇宙”仅仅意味着星云是独立的恒星系统，散布在整个银河系外空间。“类星系”带有另一重意味，即星云的尺度与银河系本身的尺度大抵相当。

到目前为止所讨论的都是有关星云及其分布的表面特征的数据,但并未对绝对距离或大小做出任何说明。这些研究是在很久以前随着摄影技术的引入而开始的一条研究脉络的正常发展。大部分结果都在中等倍率望远镜所及的范围之内。这一步代表了探索的初步阶段,据此形成了星云作为某一单个家族关系密切成员的确切图景,这些星云几乎是均匀地分布在整个可观测空间。

目前阶段的探索与这一模式的阐释有关。基本的线索就是距离尺度。大量星云数据稳定地积累,但它的累积面临着这个未知量的阻碍。在距离可资利用之前,任何进展都是不可能的。

这个难题的解决是大型望远镜的一项成就。随着望远镜和观测方法的改进,它们最终达到一个特定的临界点,并且到一定的时候,阻碍就被攻克了。而当缺口一旦打开,一轮探索就会一路向前推进。随着距离已知,大量富有成效的新的研究方法也会从已经积累起来的知识基础上被发展出来。尤其是从星云光谱中的红移推得的一个方法,其所引出的结果在意义上堪比距离问题的最初解答。

在一种绝对尺度上的星云研究建立在两个命题的基础之上。其一是星云距离可以通过其所涉及的恒星视光度而被反映出来。其二是红移是距离的线性函数。这些命题非常重要,而它们的提出以及应用都将得到详尽的讨论。首先要来讨论的是距离的确定。

◀200 英寸海尔望远镜镜面

距离标尺的进展

目前阶段的星云研究是新近的进展。有三个引人注目的日期,其中任何一个都可以被选来作为一个恰当的起点。对某一星云视向速度的测量最早是在 1912 年完成的;照相新星于 1917 年被发现;造父变星于 1924 年被发现。第二个日期也就是 1917 年可能是最重要的,因为新星在照相图版上被发现开启了对星云所包含的恒星的研究。恒星是通向距离的线索。最终,在具有代表性的一组恒星的距离可供使用之时,星云也就随之被确认为独立的恒星系统,它们的普遍特征得到确定,而星云世界也向深入细致的探索敞开了大门。

这些线索已经以异乎寻常的速度得到了利用。自 1924 年起,仅在一个十年期间,一种很可靠的用以确定距离的一般方法已经得到阐明,而搜测工作已推进到了望远镜所能达到的极限。可观测区域,也就是我们的宇宙的样本,现在可以作为一个整体被加以思考了。

精度与结果超出了搜测工作的范围。从各个方面对尺度的详细修订,尤其是对被忽视的因素之重要性的认识会接踵而至,这是理所当然的事。不过,总体的轮廓已经被粗线条地大致勾勒了出来。新的研究也许可以做出规划,而随着对它们与总体规划之关系的某些初步认识,这些结果也可以得到阐释。

1917 年的情况大致如下。河外星云(彼时被称作旋涡星云,或是属于旋涡类的星云)与行星状星云以及弥漫星云状物质得到了区分,因为后二者均被证认为银河系天体。旋涡星云的情况与由来已久的岛宇宙之争密切相关。此轮猜测的热潮已归于平静,而热潮之形成首先是因为 M31 中的明亮的 1885 年新星,其次则要归因于 NGC5253 中明亮的 1895 年新星。由斯里弗测定的超乎寻常的视向速度以及范玛宁所测定的 M101 的巨大自转角速度被认为是意义最为重大的数据。这个速度可能让星云摆脱了银河系的引力，而明显可测的自转则表明其处于一个中等距离，可能让 M101 完全处于银河系之内。因此证据是矛盾的。

旋涡星云中的新星

1917 年 7 月，威尔逊山天文台的里奇(Ritchey)在一张旋涡星云 NGC6946 的照片上发现了一颗此前没有记录的恒星($m=14.6$)，而根据更进一步的数据——其中包括一个小尺度的光谱图，它被证认为一颗新星。[①] 里奇以及利克天文台的柯蒂斯都立即对他们所能得到的大量图版中全部的星云复制图版进行了检视，并且找到了有新星出现在旋涡星云中的更早的几个个案。[②] 两个尤其引人注意的天体得到证认，并且在里奇于 1909 年已收集到的一系列 M31 的图版上也得到相同结果。光变曲线无疑是新星型光变曲线，呈现出与银河系新星光变曲线相似的突然爆发与缓慢减弱，这种光度变化随后并未重复出现。

M31 中的两个天体被越来越多地观察到，因此它们在极亮时的光度得到了确定无疑的测定，约为 $m=17$ 或是比最暗弱的裸眼恒星还要暗弱 25000 倍。在随后两年期间进行的系统观测带来的结果是另外 14 颗新星在 M31 中被发现，但在其他任何一个旋涡星云中都一无所获。这些新星都很暗弱，并且代表了性质相同的一类天体，而里奇所发现的两个新星就是其中的典型样本。M31 中的 1885 年新星属于不同的一类天体。它在极亮时的光度相当于该旋涡星云总光度的很大一部分，就这方面

---

① 发表于 *Harvard College Observatory Bulletin*, No. 641, July 28, 1917.

② *Publications of the Astronomical Society of the Pacific*, Vol. 19, 1917. Curtis, *op. cit.*, p. 180; Ritchey, *op. cit.*, p. 210.

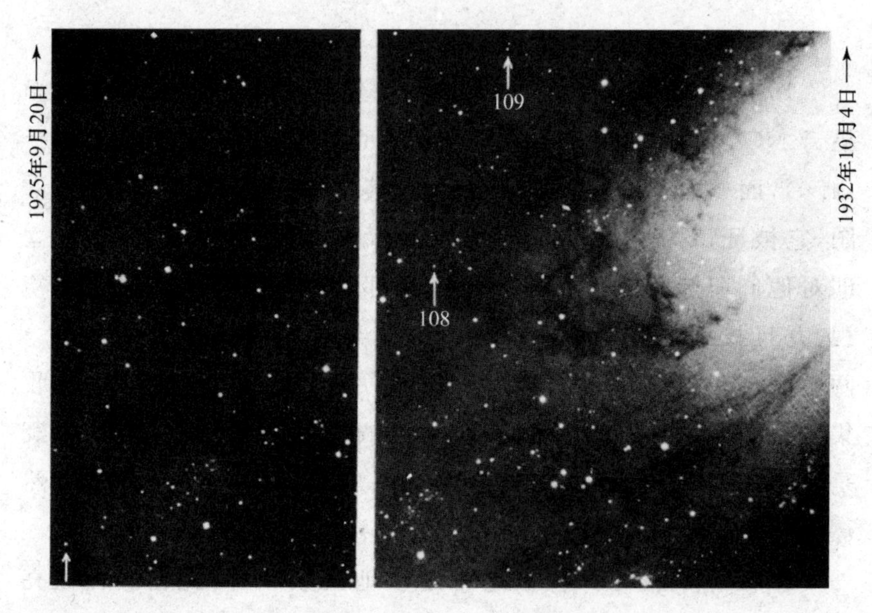

图版Ⅴ　M31 中的新星

图版Ⅴ说明

左侧图版,1925 年 9 月 20 日。第 54 号新星是除 1885 年超新星之外在 M31 中被观测到的最亮的新星。在这张图版上,这颗新星在达到极大光度(m＝15.3)8 天后,m＝15.7。它在大约一个月后仍然可见。

右侧图版,1932 年 10 月 4 日(巴德拍摄)。第 108 号新星在达到极大光度(m＝16.0)的 9 天后 m＝17.0。由赫马森拍摄的这颗新星的一张光谱与银河系新星的光谱非常相似。第 109 号新星,m＝16.7,约在达到极大光度(未被观测到)6 天后。

两张图版都是用 100 英寸反射望远镜拍摄的;图版上方为西;1mm＝7.″0。

而言，它类似于在其他更为暗弱的星云中找到的照相新星。两类新星显示出明显的特征，其中一类新星可能比另一类明亮数千倍。新数据的重要性取决于对这一问题的回答，即：矮新星和巨新星这两类天体中，哪个——如果是二者之一的话——与银河系新星相当？这两类天体的划分是由柯蒂斯等人提出的[①]，而这个问题是由伦德马克于1920年以明确的术语加以阐释的。

1917年，在这个区别被清楚认识到之前，可资利用的数据都被凑在一起，并且在使用时不加区分。沙普利和柯蒂斯立即指出旋涡星云中新星的视暗弱度说明了它们的距离很远，平均来说，至少比银河系新星的平均距离大50倍（沙普利）至100倍（柯蒂斯）。[②]

柯蒂斯将这一结论认作岛宇宙假说的一个实质上的证据。沙普利发现这个证据并不是决定性的，并且支持旋涡星云是银河系成员这一假说。他提出，旋涡星云中的新星也许可以被看作被快速运动的星云状物质裹挟着的一颗恒星。稍后的1920年，在美国科学院的一个有关"宇宙的尺度"的非正式辩论的场合中，这两个观点被它们的提出者更为充分地做出了阐释。[③]

同年，伦德马克[④]就可资利用的数据发表了详尽评论，这些数据关乎旋涡星云与银河系之关系以及对其距离的估计。他的

① 对旋涡星云中的新星含义的早期讨论几乎完全是三个人的贡献——本国的柯蒂斯、沙普利和瑞典的伦德马克。稍后又有其他的贡献被做出来，其中最重要的是 Luplan-Jassen 和 Haarh，"Die Parallaxe des Andromeda-Nebels，" *Astronomische Nachrichten*，215，285，1922. 以及 Oepik，"An Estimate of the Distance of the Andromeda Nebula，" *Astrophysical Journal*，55，406，1922. 前者包括对 M31 中的新星与银河系新星的比较，使用两种方法得出的距离分别为17万光年和330万光年。后者很有创见地利用了 M31 的（光谱）自转，它假定旋涡星云与银河系具有相似的质光关系，从而得出旋涡星云的距离约为150万光年。

② *Publications of the Astronomical Society of the Pacific*，Vol. 29，1917. Curtis，*op. cit.*，p. 206；Shapley，*op. cit.*，p. 213.

③ 两个综述都进行了相当多的修改，稍后发表于 *Bulletin of the National Research Council*，No. 11，1921. 初步的论述可见：Shapley，"On the Existence of External Galaxies"，*Publications of the Astronomical Society of the Pacific*，31，261，1919；Curtis，"Modern Theories of the Spiral Nebulae"，*Journal of the Washington Academy of Science*，9，217，1919.

④ "The Relations of the Globular Clusters and Spiral Nebulae to the Stellar System"，*Kungl. Svenska Vetenskapsakademiens Handlingar*，Band 60，No. 8，1920.

论文，连同这次辩论，对这个问题在当时的情况做出了总结概述。新星无疑提供了一个重要的距离标尺，但它的应用涉及这样一个问题，即：应当被认作与银河系正常新星相似的是巨新星还是矮新星。伦德马克和柯蒂斯都选择了M31中为数众多的暗弱新星，认为它们更可能与银河系新星相当[①]，并且估计旋涡星云的距离大约在50万光年左右。柯蒂斯做出结论认为，旋涡星云是与银河系相似的独立系统，“并且向我们显示出一个更大的宇宙，而我们可以洞悉这个距离一千万至一亿光年的宇宙”。沙普利不接受这个结论，而伦德马克则态度不明朗[②]。不过，三个人全都同意由新星提供的这把新标尺将旋涡星云放到了与太阳系距离非常远的地方。

星云的分解

新星的发现不可避免地导致了对有关星云中所包含的恒星的更为普遍的问题的思考，而这反过来也导致了对星云距离问题的最终解决。1889年，《知识》(*Knowledge*)的编辑劳尼亚德(Ranyard)复制了罗伯茨(Roberts)的M31照片——它最早呈现了这个大星云的旋涡结构，并且唤起了对靠近边缘的区域中众多恒星的注意。这些现象看起来似乎很正常，因为现有的猜测都假定，所有的白色星云都是岛宇宙，而且只要有足够放大倍率的望远镜可用，它们就会被分解。

---

① 这一辨识稍后得到确认，而“矮新星”和“巨新星”如今分别被称为“正常新星”和“超新星”。

② 伦德马克以斜体字陈述了他的结论(其1920年论文的第62页)：“作为最重要的结果，目前的研究已经表明，旋涡星云必定被认为位于距离太阳系相当远的地方。另一方面，更加难以确定的是，它们是琼斯的恒星产生机制，还是遥远星系。也许我们在目前的事实中可以得到一个启发，即后者是实际的情况，但旋涡星云看来似乎并没有沙普利的研究所呈现的像银河系一样的大小，而且与认为银河系具有同旋涡星云相似的结构这一观点相抵触。”尽管他的结论措辞小心翼翼，但伦德马克在其讨论中明确支持旋涡星云位于银河系外的性质。

罗伯茨本人未给出任何有关旋臂中的颗粒状结构的如此清晰的描述。他不加区分地使用了"恒星""恒星状凝聚物""星云状物体包围的恒星"等名词描述星云核以及颗粒状结构。[①] 凝聚物的恒星特征逐渐引起怀疑,而且当里奇于1910年描述了他用新的60英寸反射望远镜拍摄的大旋涡星云照片之时,这些怀疑看来似乎被证明是有道理。[②] 这些照片是在相对比较大的尺度上拍摄的,而且可以很容易得到最为精细且最为清晰的图像。因此,当里奇声称"所有这些(星云,包括M33,51,101等)由大量模糊的恒星状凝聚物组成,我将称它们为星云状恒星",并且提到M33中的2400颗"星云状恒星",M101中的1000颗"星云状恒星"等之时,很自然的假定是,这些凝聚物并不能在一般意义上代表单个的正常恒星。[③] 对照相图像的这一阐释明显延滞了对星云中所包含的恒星的研究。

1920年,伦德马克声称,对里奇的M33照片的检视显示出了"数千颗恒星,它们组成这个巨大恒星系统的一部分"。不过,伦德马克只看到一个复制品[④],而且从里奇根据原始图版所做结论的观点来看,新的阐释在没有更进一步研究的情况下几乎不可能被接受。伦德马克最终提供的新证据[⑤],来自用36英寸反射望远镜拍摄的无缝光谱,而且与这个争论中的问题并无直接

---

① Isaac Roberts, *Photographs of Stars, Star Clusters and Nebulae*, Vol.Ⅱ, 1900. 可以注意该文第23页第66页。Ranyard对M31的描述在《知识》1889年2月号上。

② "Mt. Wilson Contr.," No. 47; *Astrophysical Journal*, 32, 26, 1910.

③ 当沙普利在9年后对威尔逊山天文台的照片做出描述后,这一印象得到了大大强化。沙普利以如下措辞描述了威尔逊山的照片:"除了一两个可能的例外,旋涡星云的副核(secondary nuclei)显然是很模糊的,以至于它们不可能被看作是单个的恒星。甚至在M33——它也许是较亮的旋涡星云中核最显著的一个——中,要在大尺度图版上将重叠的恒星图像与'模糊的'星云状凝聚物区分开来是很容易的。"("On the Existence of External Galaxies," *Publications of the Astronomical Society of the Pacific*, 31, 265, 1919.)在这篇论文中,沙普利阐述了促使他不接受"旋涡星云的岛宇宙假说"的论据。

④ 伦德马克声称M33的图版是由冯·塞佩尔(von Zeipel)教授交给他使用的。这张图版推测可能是一个复制品,因为原始图版从未离开过威尔逊山天文台。

⑤ *Monthly Notices, Royal Astronomical Society*, 85, 890/891, 1925; 又可见*Publications of the Astronomical Society of the Pacific*, 33, 324, 1921.

关系。有关这些凝聚物的性质仍然停留在猜测阶段。

问题的解决方法在几年后从两个分别独立的研究结果中浮现出来,这两项研究是用一台更大的望远镜——100 英寸望远镜做出的,该望远镜在当时投入了使用。[①] 一项是使用比此前所用望远镜更大的分辨率对星云状凝聚物的照相图像进行的研究;另一项研究导致了对星云中造父变星的辨识。对里奇的大星云图版进行的再检视确认了此前的结论,即凝聚物的图像尽管很小,但看来似乎比恒星场照片上同样暗弱的图像更为模糊。不过,位于核区的凝聚物叠加在较浓密且未被分解的背景之上;而在背景并不那么明显的靠近边缘的区域,凝聚物因望远镜各种不同的色差而被扭曲。因此,图像中看起来不像恒星的外观可能要么是凝聚物的性质引起的,要么就是由特殊条件下的照相效应引起的。

后一种可能性以两种方式得到研究;首先是通过以核区为中心的短时曝光;然后是通过同时以星云靠近边缘的区域以及相邻选区为中心进行较长时间曝光。在两种情况下,图版都是以 100 英寸反射望远镜在临界条件下拍摄的。这些图版以有记录以来最小的角直径拍下了恒星图像。它们充分证实了当照相拖尾效应被消除时大多数凝聚物的照相图像大体呈现出的恒星外表。例如在 M33 中,很多表面图像——假定是恒星群、星团以及偶然出现的星云状物质斑片——得到明显呈现,但另一方面,从总体上来看,这些图像与以距离星云中心较远处为中心的图版上同样暗弱的恒星图像难以做出区分。

这些结果为更进一步的研究扫清了场地。它们并未证明凝聚物就是恒星:它们仅仅证明了它们的照相图像与恒星图像在外观上难以区分。凝聚物的直径可能是小于半角秒的任意量。但是位于距离很远处的半角秒代表了巨大的线直径。例如,在

---

① 旋涡星云 M33 的分解在下文中讨论:"Mt. Wilson Contr.," No. 310; *Astrophysical Journal*, 63, 236, 1926. 文中给出了较早前的参考文献。

距离100万光年处，一个半角秒的角度所对应的是大约2.5光年的线直径。有着这一直径的天球可能包含有大量的恒星或是大量的非恒星物质。

在某些凝聚物被证认为造父变星，并且光脉动(light fluctuation)被发现处于正常范围之前，将凝聚物明确阐释为单个恒星是不可能的。如果某一凝聚物——代表一个星群或星团——中的一颗恒星在某一特定范围中变化，那么作为整体的凝聚物，其变化就会远远小于其单个成员的变化。具有造父变星特征的凝聚物的正常变化范围证实了这些凝聚物就是单个的恒星——甚至不会是双星，更不必说是星群或星团。

其他类型的恒星得到初步证认；较亮的凝聚物被发现绝大多数为早型(白色或蓝色)恒星，这意味着它们的光度很高；M31中的暗弱新星被辨识出与银河系新星相似；相似的天体在M33中也被发现。剩下的凝聚物所呈现出的视光度频数分布，大体上与在恒星系统中较亮的恒星当中所预期的相类似。因此，在绝对光度经由处于视光度标尺上某些特定点的造父变星、新星以及其他恒星得到证实后，类推完成，凝聚物大体上被辨识为单个恒星。结论一致性的更进一步证据在这一事实中被发现，即正是星云中的最亮星——它们的距离根据造父变星得到充分确定——在绝对光度上与银河系中的最亮星相当。

造父变星

河外星云中的变星最早是在1922年被辨识出来的，当时邓肯(Duncan)报告了M33所覆盖天区之内的三例变星。[①] 他的数据并不足以确定变化的性质，而且他也竭力避免对变星与星云之间的任何关系做出暗示。次年(1923年)，十几个变星在

① *Publications of the Astronomical Society of the Pacific*, 34, 290, 1922.

NGC6822——一个与麦哲伦云相似的不规则星云——中被发现。这些变星中有几颗显示出造父变星的特征，但直到观测在接下来一年中被扩大开来之前，这一特征并未得到充分证实。

第一个银河系外造父变星是1923年接近年底的时候在M31中得到确切辨识的。[①] 那一年秋天发起了一个系统观测计划，旨在将有关新星的统计数据整合到一起，这些新星已知在大旋涡星云中经常出现。该计划中的第一张完美图版是用100英寸反射望远镜拍摄的，它导致了两颗普通新星以及一颗暗弱的18等天体的发现，后者最初被当成是又一颗新星。在参照了此前由威尔逊山天文台的观测者们在其对新星的研究中收集到的长时间的系列图版之后，证实了这个暗弱天体是一个变星，并且轻而易举地指出了变化的性质。它是一个典型的造父变星，周期约为一个月左右，因此它在达到极亮时的绝对光度，正像麦哲伦云中的相似恒星所显示出的一样，约为 $M=-4$ 或者约有太阳的7000倍那么亮。如果要看起来像观测中所显示的那样暗弱（极亮时 $m=18.2$），则必需的距离约为900000光年。

这一最初的确切证认导致了对大旋涡星云的广泛研究，该研究利用了所有可资利用的资料，但最主要依据的是100英寸反射望远镜的长时间曝光。到1924年底，当最初的结果被发表出来时，已知的变星有36个，12个已被辨识为造父变星，而距离量级也得到了充分证实。[②] 1929年，当这些数据被详尽发表出来，已知的造父变星有40个，新星则为86个。[③] 四个造父变星的光变曲线显示在图8中。

① 有关NGC6822和M31中的变星的最早的参考文献分别可见1922—1923年以及1923—1924年的《威尔逊山天文台年刊》(*Annual Reports of the Mount Wilson Observatory*)。

② 有关M31和M33中的造父变星的初步评论可见 *Publications of the American Astronomical Society* (33d meeting), January, 1925. 该评论重印于 *Observatory*, 48, 139, 1925.

③ "Mt. Wilson Contr.," No. 376; *Astrophysical Journal*, 69, 103, 1929.

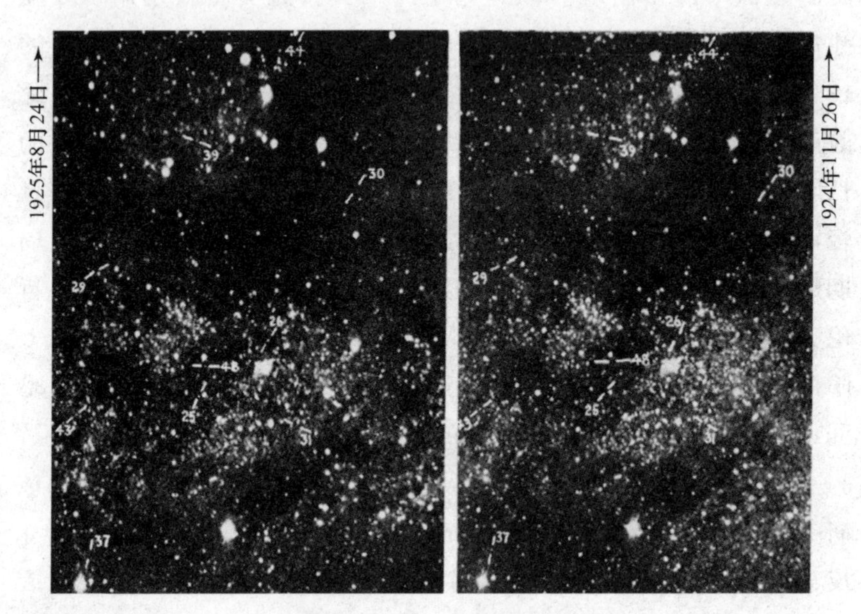

图版Ⅵ　**M31** 中的造父变星

图版Ⅵ说明

左侧图版，1925年8月24日(邓肯拍摄)；右侧图版，1924年11月26日。该天区以一个疏散星团为中心，大约位于星团核西南48′处，靠近旋涡星云长径(见图版0)。第43和44号星是不规则变星；其他为造父变星。在第25，26和30号变星中，变化很显著，而在37，39，43以及48号变星中则是明显可见。

两个图版都是用100英寸反射望远镜拍摄的；图版上方方向为东；1mm＝5″.0。

图版0中标记出的球状星团在左侧图版中得到清晰显示(亮星为30号变星)，黑色边缘左上角以下15.5mm，以右48.5mm。星团的巨大圆形图像与恒星的相似图像相比，不同之处在于未显出任何衍射线。

与此同时，这些研究也自然地扩展到了相邻的大旋涡星云M33中。邓肯发现的其中两颗最亮的天体被证认为不规则变星，而最暗弱的那一颗被证认为造父变星。到1924年底，已知的造父变星有22颗。到1926年时，35颗造父变星以及两颗新星可以用来进行讨论。① 不规则星云NGC6822中已经发现了另外11颗造父变星，而未确定类型的变星已在其他几个引人注意的星云中被观测到。②

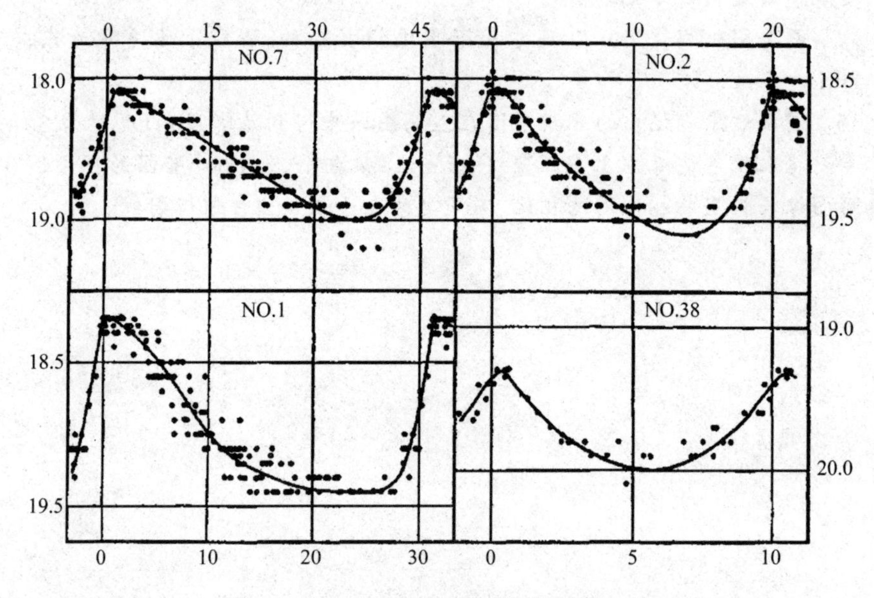

图8　M31中的四颗造父变星的光变曲线

垂直刻度表示视照相星等；水平刻度表示天数。圆点表示的是在多个不同周期期间进行的观测。不同周期叠加在一起，而正常光变曲线则根据全部数据得到的。要引起注意的是，最亮的造父变星，也就是第7号造父变星有着最长的光变周期，而最暗弱的第38号造父变星则周期最短。

① "Mt. Wilson Contr.," No. 310; *Astrophysical Journal*, 63, 236, 1926.

② "Mt. Wilson Contr.," No. 304; *Astrophysical Journal*, 62, 409, 1925. 在这些变星被发现之后，而它们的造父变星特征得到充分证实之前，沙普利在以麦哲伦云为参照进行类比的基础上发表了对NGC6822距离的一个初步估算。*Harvard College Observatory Bulletin*, No. 796, December, 1923.

这些造父变星看来似乎是明确的距离标尺。光变曲线很典型，而周期所显示出的与光度之间的关系是很熟悉的，这一关系最早是在麦哲伦云中的造父变星当中得到证实的。当然，光谱型未得到确定，但代表累积光谱（integrated spectrum）的颜色是正常的。旋涡星云的距离现在可以推得了，所用的方法正是用来研究银河系较远区域的同样的方法，也就是恒星的绝对星等标尺的运用。最大的不确定性在于造父变星周光关系曲线的零点，这对于将视星等归算为绝对星等并由此归算出距离来说是一个必要的常数。这个常数值被普遍接受作为公认标准，但由于新的、改进的数据可能被搜集到，该值可望得到适度修正。与此同时，旋涡星云的距离可以以其中一个麦哲伦云或是作为一个整体的大小麦哲伦云的距离为单位得到相当精确的表示，而这个单位的绝对值的精确确定则要留待日后研究。

作为类星系的星云

造父变星并不是在星云中被观测到的最亮星。它们在新星、某些不规则变星以及蓝巨星面前显得黯然，而相对光度与它们在银河系中被观测到的一样全部处于正常的相互次序。弥漫星云状物质的斑片不时被发现，它们发出发射光谱，并有蓝色星包含其中（与银河系星云状物质相似），稍后则有类似于球状星团的天体被大量辨识出来。这种恒星组成呈现出了与在麦哲伦云或银河系中可望看到的某种一致的相似性，如果这些系统可以从非常遥远的距离得到研究的话。恒星的证据，连同视向速度的证据是压倒性的，而岛宇宙理论看来是毫无疑问地被证实了。

该理论曾采用过两个形式。“岛宇宙”仅仅意味着星云是独立的恒星系统，散布在整个银河系外空间。“类星系”带有另一重意味，即星云的尺度与银河系本身的尺度大抵相当。在对有关该理论的两种表达所做的断然反驳中，仍然存在有直接而有力的证据，也就是巨大的角自转量。[①] 早在1916年，范玛宁就曾报告过M101的年自转约为0″.02。[②] 1921至1923年间，他发表了另外6个旋涡星云相同量级的自转，稍后又报告了趋向于证实较早前结果的测量。[③]

这些巨大的角自转意味着相对较小的距离——至多是数千光年，并且因此而直接反驳了来自恒星的证据。例如，M33的自转线速度是根据光谱图而得知的，它的角自转显示出的距离大约为2100光年，这与根据造父变星得出的720000光年的距离形成了对照。1923年，伦德马克再次测量了M33的一对图版，并且发现了一个方向相同但数值极小的自转，小到可以被看作是在测定的误差允许范围之内。[④] 另一方面，自转数据内部一致——尽管完全是相互孤立的，但整体则与岛宇宙理论完全不相一致。

既然恒星和视向速度的证据无法与角自转的证据相符，那么就有必要丢弃两组数据的其中一组。因为支持第一组数据的可能性是强有力的，所以自转就被弃之不顾，而尽管有这样的恰在其根基之处的断然反驳，星云研究领域还是一路推进。这一反驳直到1935年才被排除，当时由多位测量者对数个星云所做的研究——这些研究所用的时间间隔长得多——给出了否定的结果并且表明，此前发现的大自转是由某种并不容易被发现的系统误差引起的，而并不表示星云本身存在运动，无论是真实的

---

① 这些自转是根据对数年中分别拍摄的照片所做比较推得的。对场星和星云状凝聚物的相对位置进行测量，将测量加以比较后即找到系统差值。这些位移被解释为在这些图版之间相距的时间间隔内发生在星云之中的运动——要么是星云自转，要么是凝聚物沿旋臂所做的运动。

② "Mt. Wilson Contr.," No. 118; *Astrophysical Journal*, 44, 210, 1916.

③ 关于全部七个旋涡星云中的视运动，范玛宁在其系列论文的最后一篇中做出了一个全面讨论：*Internal Motion of the Spiral Nebula Messier 33, NGC598*, "Mt. Wilson Contr.," No. 260; *Astrophysical Journal*, 57, 264, 1923.

④ "Mt. Wilson Contr.," No. 308; *Astrophysical Journal*, 63, 67, 1926.

运动还是看上去的运动。[1]

另一个反对“类星云”理论——而非“岛宇宙”理论——的论据是，银河系的直径非常巨大，达 300000 光年，这个数字是沙普利根据其对球状星团的研究得出来的。[2] 如果星云的大小与此相当，那么由视直径所显示出的距离就会是如此之巨，以至于新星将会亮得不可思议。这一两难困境在当时看来很严重；要么是星云的尺度，要么是新星的光度与人们所认为的银河系具有的规模处于不同量级。但新星提供了更为熟悉的标尺，而它们所暗示的距离量级最终经由造父变星得到证实，而不管大小如何。该论据随后以此形式得到重新表述，即如果星云是岛宇宙，那么银河系就是一个大陆。

讨论最终在银河系与 M31 的比较上尘埃落定，后者被辨识为一个大得异乎寻常的旋涡星云。巨大的银河系大小不是根据发光物质在总体上的分布——这将决定其从很远距离被看到时的面亮度——得出来的，而是根据数十个球状星团的分布得到的。而且，遮光效应已被忽略不计。处于银河系内部或是位于其附近的许多星团看起来很暗弱，不是因为它们的距离很远，而是因为它们被遍布于低纬度的尘气云所遮蔽。当后来的研究将这些效应考虑在内之后，由星团勾勒出的银河系轮廓可能的直径，被减少至原来估计的 300000 光年的一半或可能是三分之一。

另一方面，M31 的直径已经根据总体上的发光物质被推得。稍后，当球状星团在 M31 中被发现时，这些星团勾勒出了一个远大得多的系统的轮廓，其量级与银河系相当，尽管后者可能代表的是聚集度较小的星云类型。[3] 而且，最初的估计是

---

① “Mt. Wilson Contr.,” No. 514; *Astrophysical Journal*, 81, 334, 1935. 这篇简短论文后有范玛宁的一个评论。

② 沙普利在“宇宙的尺度”这次非正式辩论中提到了这个值，有关这次辩论已经做了一个参考书目。

③ “Mt. Wilson Contr.,” No. 452; *Astrophysical Journal*, 76, 44, 1932.

根据对小尺度照片上的图像进行简单检视而做出的，这样的图像可以很容易地用光度计描绘出来，远远超出以简单检视所能描绘的限度之外。测量得到的 M31 的直径如今已知比最初估计的两倍还要大，并且与经由星团所显示出的直径非常吻合。[1]

因此，旋涡星云和银河系在大小上的差异已经基本上消失了。从一个更好的视角来看，这片大陆已经缩小，而那个岛屿已经长大，直至它们不再会被归属于不同的量级。银河系也许可以被看作较大的星云之一。球状星团遍布于一片体积巨大的空间之中，但在距离中心较远的区域——在这里，偶然出现的一个星团也许仍然很引人注意——恒星密度可能非常低。从 M31 看到的银河系所覆盖的天区与从银河系看到的 M31 所覆盖的天区大抵相当，这并非不可能。

星云距离的其他标尺

岛宇宙理论，甚至类星系理论，如今都得到充分证实而无任何显著异议了。在造父变星被发现之时，情况更具有不确定性。对恒星广泛全面的分析是在两个引人注意的旋涡星云 M31 和 M33 以及不规则星云 NGC6822 中进行的。它们显然是独立的恒星系统，距离不超过 100 万光年。麦哲伦云随后被识别为河外星系，距离则近得多。因而，一小批星云样本可以用来作为更为深入探索的一个出发点。有关这组星云的研究结果将于随后呈现，但所使用的方法的普遍性质可以在此加以说明。

---

① Stebbins and Whitford, "The Diameter of the Andromeda Nebula," *Proceedings of the National Academy of Sciences*, 20, 93, 1934. 又可见沙普利稍后所做的测量 *Harvard College Observatory Bulletin*, No. 895, 1934.

这组星云样本很小，以至于它几乎不可能被看作一个合宜的样本。但由其恒星组成所提供的可能性并未得到详尽的讨论。造父变星并不是星云中的最亮星。如前所述，它们被正常新星、某些不规则变星以及诸如O型和B型这样的蓝巨星盖过了风头。每个恒星类型都提供了距离指针，造父变星相当精确，而其他恒星则只是大略为之。所有一切都很重要，因为仅仅恒星就是最重要的标尺；其他确定星云距离的方法最终必须借由恒星来加以校准。

随着距离的增加，我们将可以预期的是，造父变星最先渐渐隐去，然后是不规则变星，然后是新星，再往后是蓝巨星，直至只有全部恒星中最亮的那些才可以被看到。最终将只留下数百万的星云可以被看到，而在这些星云中，除了某颗偶发的超新星之外，根本找不到任何恒星。这些预期相当精确地被观测实现了。而且，这些数据尽管单薄，但强烈暗示了正是晚型星云中的那些最亮星，绝对光度都在大抵相同的量级。看来似乎存在一个恒星光度的上限，而且这个约为太阳光度50000倍的上限在大多数的大型恒星系统中都极其相似。因此，如果可以在星云中观测到任意恒星的话，那么对距离的大致粗略估计就是可能的。

对于统计目标而言，这个方法相当可靠，它提供了一组位于已知距离的某些类型的星云，样本大到足以被看作一个合宜的样本。该方法最严重的缺点是这样一个事实：一般而言，恒星只能在较晚型的、更为疏散的旋涡星云以及不规则星云中被找到。幸运的是，在某些身为室女座大星云团成员的旋涡星云中，也可以找到恒星。其他类型的星云在星团的数百成员当中都得到充分呈现，因此，它们的距离以及旋涡星云的距离都可以根据恒星推得。对由此可用的大样本所做的分析给出了星云本身的一般特征，它可以在远至星云可能被记录的地方用作距离的统计标尺。最终，另一把标尺是在红移中被找到的，它的精度百分比随着距离而增加。

星云世界的探索借助这些标尺而得以进行。早期的工作大多被这些结果的内在一致性所证明。基础被牢固地建立起来了，但上部结构表现出相当多的推断成分。这些都以可能设想到的各种方法得到检验，但这些检验在很大程度上都与内在一致性有关。上部结构最终被接受要归因于一致性结果的持续累积，而非关键性和决定性实验。

第五章

速度-距离关系

• *Chapter V The Velocity-Distance Relation* •

星云光谱中的细节从它们的正常位置向红端发生了位移,而且红移随星云的视暗弱度而增加。视暗弱度可以根据距离得到确切解释。因此,观测结果可以得到重新表述——红移随距离而增加。

早期的星云光谱图

星云光谱最早是在1864年由哈金斯(William Huggins)进行的可视研究。[①]这些银河系外的系统当时被称作白色星云,它们的光谱看上去显然是连续的,但是如此暗弱以至于没有什么细节可以很确切地得到测定。对最亮星云M31的长时间研究导致了这一推测,认为吸收线(或吸收带)和发射线(或发射带)都是存在的,而在1888年得到的一个非常暗弱的照片看来似乎证实了这个初步结论。1899年,当沙伊纳利用清晰的M31光谱图解决了这个问题之时,尚无任何有关照片的报告被发表。[②]这些光谱图表现出太阳型的光谱而没有任何发射线。他做出结论说,旋涡星云可能是一个恒星系统,由此唤起了渐趋衰退的对岛宇宙争议的兴趣。法思(Fath)和沃尔夫(Wolf)将研究延伸到其他具有相似结果的星云,最终,较亮的旋涡星云光谱当中大多具有太阳光谱型这一点得到普遍接受。

最早的视向速度

某一星云的视向速度是洛厄尔天文台的斯里弗于1912年首次测量的。[③]尽管光谱的普遍特征已被确立起来,但更为困难

◀哈勃望远镜发射升空

① *The Scientific Papers of Sir William Huggins* (1909), pp. 101 f.

② "On the Spectrum of the Great Nebula in Andromeda," *Astrophysical Journal*, 9, 149, 1899.

③ "The Radial Velocity of the Andromeda Nebula," *Lowell Observatory Bulletin*, No. 58, 1914.

的问题，即确定吸收线的精确位置尚未得到解决。难题是由星云图像暗淡的面亮度所引起的。恒星的光几乎被所有的望远镜都聚集为点像，与恒星不同，星云形成相对较大的图像，而且图像区域也随着所用望远镜的焦距而增大。如果焦比不变，那么更大的望远镜则仅仅是将更多光散布在更大的图像上，而保持面亮度不变。

这些困难在直接摄影图像中是通过在给定光圈的情况下缩短焦距来解决的，这样做就将光聚集成为更小的图像。不过，当通过一个棱镜来摄取图像时，对望远镜的这一修正就不会带来任何好处了。原因很简单，但由于它涉及光学设备的性质，因此并无必要详细介绍。对于大而均匀的表面，所有的望远镜大致都同样有效。除了在棱镜后的相机——它实际上是拍摄光谱的——中之外并不会增加任何有利条件。在小表面的情况下，这个规律就失效了，对于较暗弱星云的集中的半恒星图像，越大的望远镜就越有效。不过，暗弱光源光谱拍摄的最重要的单个因素是相机的感光速度。

斯里弗充分利用了这一原理，并且将附在洛厄尔天文台的 24 英寸折射望远镜上的一个强光力短焦相机改成了一台小色散光谱仪。利用这台设备，他得以以良好的清晰度记录下 M31 的光谱，其尺度尽管很小，但足以显示出吸收线并不完全在其通常的位置上。这种位移朝向光谱的紫端，这表明运动的径向分量是朝向地球的。精确的测量揭示了它在以大约 190 英里(300 千米)每秒的速度接近地球。1912 年秋得到的四个光谱图给出了一致的速度，这些结果可以被发表出来，其可靠性是可以充分依赖的。

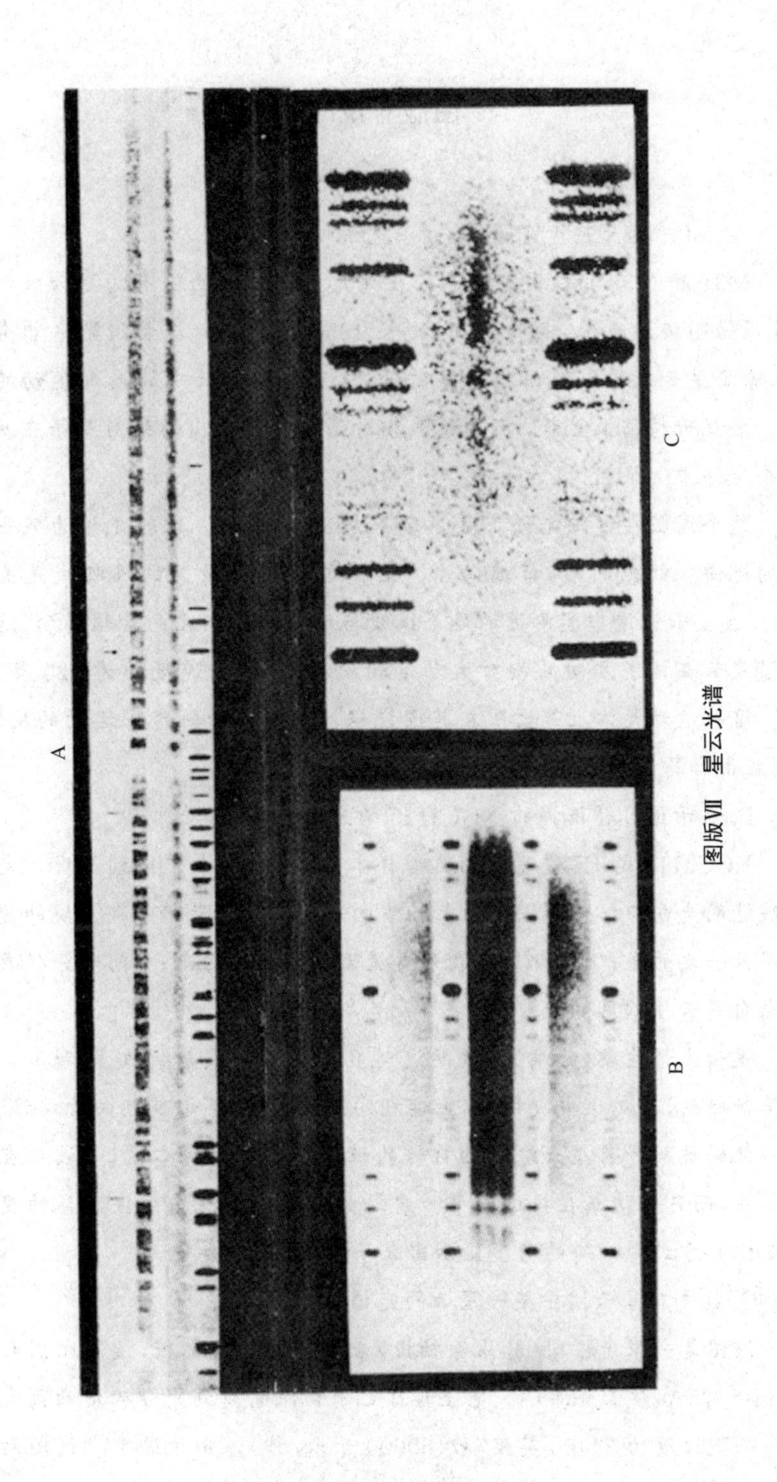

图版Ⅶ 星云光谱

图版Ⅶ说明

A. M32的大尺度光谱，与太阳光谱相对照

M31和M32的核区光谱是已在大尺度上获得的仅有的星云吸收光谱[原始图版，1mm＝73Å(埃)，波长4350Å]。它们与太阳光谱非常相似，除了星云光谱中的谱线更宽之外，这可能是星云中的内部运动的结果。矮星云特征很显著，而由谱线相对强度所显示出的绝对星等在所有三个光谱中大抵相同。

这个图版在太阳光谱下方显示了M32的光谱。比较光谱为某一铁弧的光谱。红端向右，紫端向左。右侧最后一条显著的吸收线是氢线Hβ。在星云光谱中间附近的显著铁线与比较谱线相比向紫端移动，这显示了星云在视线方向的相对运动是朝向观测者的，速度约为120英里/秒。这一运动大体上是太阳在其围绕银河系中心的轨道中运动的反映。(图版由赫马森拍摄。)

B. 显示出自转证据的NGC3115的光谱

NGC3115是E7型星云的典型样本，并在图版Ⅰ中得到呈现。光谱仪狭缝的走向与纺锤形图像的长轴方向一致，因此，光谱上部呈现的是来自星云一端的光；下面部分代表来自星云相反一端的光；中间部分代表的是来自星云核心区的光。

星云光谱左端(紫端)附近的这对显著的吸收线是钙线H和K。它们是倾斜的，相对于中央核区，上部朝向红端移动，下部则朝向紫端移动。这一倾斜被解释为星云绕短轴自转的证据。相对于核心区，一端正在退行而去，而另一端正在接近而来。自转的速度以及随与核区距离的变化而变化的方式由倾斜的角度显示出来。(赫马森拍摄。)

C. 牧夫座星云团中某一星云的光谱

该图是一张光谱图(赫马森拍摄)未经修整的放大版，该图比例尺为1mm＝875Å，波长4500Å。它呈现了已有记录的得到充分确定的最大红移——视速度为24400英里/秒(39000千米/秒)。由于这个光谱图所呈

现的图像是在仪器倍率最大极限附近获取的，因此这些重要的特征并不非常显著。不过，在小尺度照片上混在一起的H线和K线，相对比较光谱中最强的谱线(波长为4500Å的氢线)清晰可见。星云光谱中的偏向H线和K线左侧的缝隙，主要是由于粗粒感光乳剂中的某一透镜形不易感光点的原因，该乳剂是拍摄非常暗弱的光谱时必然用到的。附近光源中H线和K线的正常位置就在左数第二条比较谱线的附近(见本图版上NGC3115的光谱，在该光谱中，H和K看上去好像是相互分开的线，而且红移很小)。

斯里弗的视向速度表

某一新领域中的最初几步都是最困难且意义最为重大的。根据这一普遍原则，M31 速度的确定已经得到相当详尽的讨论。一旦这个障碍被突破，更进一步的发展就比较简单了。但星云速度的积累是一个缓慢的过程，并且在最亮天体被观测到之后就变得越来越吃力。斯里弗几乎独自一人在进行这项工作。1914 年，他提出了一份包括 13 个星云速度的名录[①]，到 1925 年的时候，这份名录所包含的数目已经增加到了 41 个。[②] 少数几个星云的速度已经在其他天文台得到了再次测定——足以证实这些数据的有效性而无任何合理的怀疑，但只有四个新的速度被增加到了斯里弗的名录中。1925 年，总共有 45 个星云速度可供讨论了。[⑤]

尽管最初的速度是负数，代表朝向观测者的运动，但正速度——即代表远离观察者而去的运动——被越来越多地发现，而且它们很快就在名录中完全占据了优势。而且，在最显眼的星云被观测到之后，新发现的速度值大得令人惊讶。完整的名录速度范围从－190 英里/秒至＋1125 英里/秒，平均值约为＋375。该速度与任何其他已知类型的天体的速度都在完全不同的量级。这些速度是如此之大，以至于这些星云可能远在银河系的引力场控制之外。这些星云看来似乎是独立的天体，而且这一结论与岛宇宙理论是一致的。

---

① Slipher, "Spectrographic Observations of Nebulae," Seventeenth Meeting of the American Astronomical Society, August, 1914；重刊于 *Popular Astronomy*, 23, 21, 1915.

② 该名录在施特龙贝格(Strömberg)的一篇论文中被发表：Strömberg, *Analysis of Badial Velocities of Globular Clusters and Non-Galactic Nebular*, "Mt. Wilson Contr.," No. 292; *Astrophysical Journal*, 61, 353, 1925.

对数据的解释

与星云有关的太阳运动

实际上，在试图对这些数据做出解释的过程中，并无其他理论被严肃认真地加以考虑。银河系——带着太阳跟随其一起运动——被认为飞速从星云世界穿行而过，而星云本身也以相似的速度向任意方向飞奔。因此，每个被观测到的速度都是(a)星云的“本动”——正如这种个体运动的名字一样——以及(b)太阳运动之结果的组合。[①] 假如有足够多的星云被观测到，它们的随机本动往往会抵消掉，只留下太阳运动的结果从全部数据中浮现出来。

这个原理为我们所熟知，并已在银河系内有效地用于确定太阳相对于恒星的运动。它于1916年由杜鲁门(Truman)最早应用于星云，而当时仅有十来个星云速度是已知的。[②] 其他人也解出了这些方程式，包括斯里弗[③]，1917年，他有25个星云速度可以任意使用了。数字结果都非常相近——太阳运动实际上被解释为银河系的运动，其速度约为420英里/秒，大体是在摩羯宫的方向。

预期的结果是，当太阳运动被移除之后，剩余的星云本动将会比被观测到的速度小得多，而且它们将会是随机分布的——接近的速度会像退行速度一样大。实际上，剩余的运动仍然很大，并且绝大多数都是正值。不对称分布表明，除太阳运动之外，还存在某种系统效应。正是因为这个原因，1918年，维尔茨(Wirtz)引入了一个看来随意为之的 K 项——在开始搜寻太阳运动之前要从所有被观测到的速度中减掉的一个不变的速度值。[④]

---

① 太阳运动是太阳在银河系内的运动与银河系相对于星云的运动的组合。

② Truman, “The Motions of the Spiral Nebulae,” *Popular Astronomy*, 24, 111, 1916.

③ Slipher, “Nebulae,” *Proceedings of the American Philosophical Society*, 56, 403, 1917.

④ “über die Bewegungen der Nebelflecke,” *Astronomishe Nachrichten*, 206, 109, 1918.

K 项的构想并不新鲜。比如说，它在确定相对于B型星的太阳运动时就曾被用到过。在那个个案中，该项约为4千米/秒，并被假设代表的是大气压力、引力场或是蓝巨星所特有的其他条件引起的某种效应。不过，在星云的情况中，为了使剩余速度的分布得以实现，这个项所要求的规模大得令人难以置信——约为4千米的100倍。这一引入是合理的一步，但需要有某种胆量以做此冒险之举。

维尔茨对这个问题的公式化将 K 项以及太阳运动作为未知数计算在内，这些未知数要根据观测数据来得到确定。在他最初进行求解之时，他仅知道15个星云的速度值，但三年后(1921年)①，他利用29个星云的速度重做了这项研究。这些新得到的值与稍早时的结果总体上处于相同量级。K 项约为500英里/秒。太阳运动又是大约440英里/秒，但此时大体上朝向北天极的方向。不过，更为重要的是，剩余量或者换言之，单个星云的本动速度大致都是随机分布的。系统效应的迹象几乎消失不见。这个问题并未完全得到解决——这个剩余量并不完全令人满意——但改进是如此明显，以至于 K 项被接受作为星云速度的一个特征量。有关此问题的所有后续讨论都理所当然地将 K 项计算在内了。

作为距离函数的 K 项

在维尔茨最初引入 K 项的时候，他只是陈述说，因为正号以及巨大的速度值占大多数，所以 K 项是必不可少的。他充分

① 处于中间时期的伦德马克曾进行过相似的求解，利用20个星云速度，得到了相似的结果。见"The Relations of the Globular Clusters and Spiral Nebulae to the Stellar System," *Kungl. Svenska Vetenskapsakademiens Handlingar*, Band 60, No. 8, 1920. 维尔茨的第二篇论文是"Einiges zur Statistik der Radialbewegungen von Spiralnebeln und Kugel sternhaufen," *Astronomische Nachrichten*, 215, 349, 1921.

意识到这一结果，即如果谱线位移被明确解释为实际的速度漂移，那么 K 项必定代表了所有星云从银河系附近区域离开的某种系统退行。他本人并未对这一解释充分地表达他的观点，而是让这个问题留待解决，并且把这个项当作是用来“挽救现象”的一个随意而为的策略来加以使用。原因可能会在稍后找到。

不过，看来似乎有可能的是，目前的理论已经表明 K 项的重要性。1915 年，爱因斯坦系统阐述了他的宇宙学方程式，该方程式表述的是空间所包含的物体与空间的几何形状之间的关系，正如从广义相对论中所推得的一样。基于宇宙是静态的(并不随时间发生系统变化)这一假设，他已找到了该方程式的一个解，并因此描述了宇宙的一种特殊形式。1916—1917 年，德西特(de Sitter)运用相同的方程式找到了另一个解。后来为人所知的是，在此特殊假设基础上并无其他可能的解。[①] 为了弄清楚其中哪个更符合我们实际寓于其中的这个宇宙，这两个可能的宇宙都得到了细致研究。二者之间的一个显著差异是这一事实：德西特的解预言了遥远光源的光谱中的正位称(红移)，它一般应该是随与观察者距离增加而增加。德西特在当时所知仅有三个星云速度[②]，不可能在理论与观测之间做出全面比较。不过，很清楚的是，正如他所指出的，两个较暗弱的星云(NGC1068 和 NGC4594)的巨大正速度——与所有旋涡星云中最亮的 M31 的负速度形成对照——都与预言相符。

德西特宇宙现在不再被视作真实宇宙的呈现，但在当时，它达到了这一重要的目标：将注意力直指变量 K 项的可能性。红移随距离增加的比率值并未由这一理论预言出来；这一比率可能很大或很小，可能很显著或极其细微，而这一问题只有通过

---

① “On Einstein's Theory of Gravitation and Its Astronomical Consequences”——三篇论文发表于 *Monthly Notices*, *Royal Astronomical Society*, 76, 699, 1916; 77, 155, 1916; 78, 1, 1917. 第三个解呈现了符合狭义相对论的一个特殊情况，它也是可能的，但作为一个有关物理宇宙的阐释并无特殊的意义。

② 斯里弗包含 13 个星云速度的名录尽管发表于 1914 年，但尚未被德西特读到，这可能是因为战争期间通讯的中断。因为同样的原因，1918 年，维尔茨可能尚不知道德西特的论文。

观测才可能得到确定。但在必要的数据中包括星云的距离，而在当时距离是未知的。这一事实以及也许是在面对用广义相对论的陌生语言所表达的革命性见解时自然而然的惰性，都阻碍了研究的即刻开展。直到后来，当爱丁顿（Eddington）等人可以说将这些新见解“大众化”之后，这个问题才得到严肃认真地考虑。

如果速度随距离而增加，那么这个巨大的常数 K 项就可能代表了与已被观测到的星云这一特殊群体的平均距离相对应的速度。这一可能性得到了普遍承认，尽管似乎并没有人做过专门表述。这个问题被明确表达如下：K 项对所有星云都是不变的，还是说它会随距离而变化？

星云的绝对距离非常不确定。唯一可用的相对距离标尺就是视直径和视光度。二者都并不可靠，因为固有大小和本征亮度的变幅都完全是未知的，而且它们的变幅被认为是相当大的。例如在 M31 及其两个伴星云这个三重系统中，直径的变动范围从 60 到 1，而光度则由 100 到 1 不等。没有证据表明这些变幅正好适用于所有的星云。不过从一般意义上来说，更小更暗弱的星云的平均距离无疑比更大更明亮的天体所处的平均距离更远。如果与速度对应的距离的变动范围相比于由这一标尺所引起的离散而言很大的话，那么这一标尺可能就是有用的。

该领域的领军人物维尔茨于 1924 年做出了最早的尝试，他利用 42 个星云的视直径和速度，将 K 项表示为一个距离函数。[1] 一个似乎可能的相关性在预期的方向上出现了——速度往往随直径的减小而增加。不过，这些结果更多的是启发性而非最终确定性的。它们不仅受到由真直径中的未知离散而引起的不确定性的影响，而且还包括速度与聚集度之间可见的相关性的影响。高聚集度的球状星云作为其中一类，表现出了最大

① “De Sitter’s Kosmologie und die Bewegungen der Spiralnebel,” *Astronomische Nachrichten*, 222, 21, 1924.

的平均速度，那些巨大而暗弱的不规则星云以及疏散旋涡星云则表现出最小的平均速度。在这些极限之间，速度随聚集度而增加。

这个相关性普遍为人所知，并且激发人们尝试将 K 项解释为由强大的引力场引起的爱因斯坦红移——与太阳光谱中的红移类似，后者曾被作为广义相对论的关键性验证，但这些尝试未不成功。最终，这种相关性被认识到只是简单的选择效应。聚集度高的天体，由于它们的面亮度很大，因此在拍摄星云光谱这件苦差事中被给予了优先对待。所以，尽管这些天体相对较为稀少，但一个自然而然的倾向是选择它们来用于暗弱星云的研究。一般来说，它们代表了被观测到的最暗弱也最遥远的星云，而且由于这个原因，它们还表现出了最大的平均速度。但解释姗姗来迟。当时，人们认为直径的渐进可能意味着聚集度或距离的渐进或者是二者同时的渐进；因此直径与速度之间的相关性是含糊不清的。

此外，维尔茨所使用的并不是简单的直径，而是直径的对数。这是一种实用便利的选择，但也使得他将其结果表达为速度与直径的对数——或如其所认为的与距离的对数——之间的一种线性关系。这一关系大体上与德西特预言的关系相异。因此，考虑到聚集度效应作为一种可选择的解释的可能性，天文学家们当中有一种倾向是推迟做出判断，直至有更多的信息可资利用。

维尔茨[①]提出的某些论据表明，这一相关性不可能完全归因于真直径或是面亮度的其中一方的变化，不久之后，多斯(Dose)[②]表明，速度与简单直径之间存在一种相似的相关性，尽

① 维尔茨后来发表了一篇有关这项研究及结果之意味的演讲(*Scientia*，38，303，1925)，该演讲通俗而又令人兴奋，他在演讲中假设德西特的预言已得到验证。

② "Zur Statistic der Nichtgalaktischen Nebel…，" *Astronomische Nachrichten*，229，157，1927.

管这一相关性并不那么显著。不过，伦德马克[1]和施特龙贝格[2]稍后的研究未能证实速度与距离之间存在任何明确的关系。1924 年，伦德马克利用与维尔茨相同的星云，并且将直径与光度结合在一起作为距离标尺来使用，从而稍显乐观地得出结论认为，“两个量（速度和距离）之间可能有一种关系，尽管并不是非常明确的关系”。1925 年，施特龙贝格仅仅使用光度作为距离标尺，做出了一个特别清晰的数据分析并且发现“没有充分的理由认为，视向运动对与太阳的距离存在任何依赖关系”。当然，这一论述指的是以当时所掌握的信息显示出的状况。它代表了观测者的视角——无论最终的事实真相可能是什么，数据都并未证实存在某种关系。更进一步的讨论可能会贡献甚微；重要的迫切需要得到的东西是更多的数据以及更为精确的距离标尺。不过，施特龙贝格的确相当清楚地揭示出，尽管 K 项看来似乎并未随距离发生系统变化，但它在不同星云之间可能是不同的，对于 M31 和麦哲伦云来说很小，但对 NGC584 则很大（它的最大速度已被测定，为＋1125 英里/秒）。

不久之后，伦德马克进行了一次决定性的尝试以揭开 K 项这个变量。[3] 他利用了与此前相同的数据，但在方程式中以一个幂级数取代了常数 K 项，

$$K = k + lr + mr^2$$

在这里，r 是距离，用 M31 未确定的距离作为一个单位。结果是令人失望的。级数中的常量 k 被得出为 320 英里/秒，比早前得出的 K 值稍小但仍在相同量级。系数 l 很小且不确定，约为＋6 英里/秒，从而显示了一个细微的距离效应（约为目前

---

① “The Determination of the Curvature of Space-Time in de Sitter's World,” *Monthly Notices, Royal Astronomical Society*, 84, 747, 1924.

② *Analysis of Radial Velocities of Globular Clusters and Non-Galactic Nebulae*, “Mt. Wilson Contr.,” No. 292; *Astrophysical Jounal*, 61, 353, 1925.

③ “The Motions and the Distances of Spiral Nebulae,” *Monthly Notices, Royal Astronomical Society*, 85, 865, 1925.

值的 8%)，但系数 m 很小也更为不确定，为负值−0.047。伦德马克认为，尽管 m 的精确值尚不确定，但它表示了一个真实的现象，显然给星云所能达到的退行速度(除了它的本动之外)设置了一个上限。他做出结论认为，“人们几乎不必指望在旋涡星云中找到任何一个大于+3000 千米/秒的视向速度了”。

速度-距离关系

这个问题一直持续到 1929 年。斯里弗已经转向了其他问题，而新确定的速度仅有两三个而已。但新的距离标尺已经得到发展，它比由视大小和视亮度得到的距离标尺更为可靠。正如前面章节所描述的，这把新标尺是由星云中所包含的恒星而非星云本身所提供的。星云目前被公认为是遍布整个银河系外空间的独立恒星系统。在少数几个距离最近的星云中，恒星群可以被拍照，而且，在银河系中已众所周知的多种恒星类型也可以在它们之中被证认出来。这些恒星的视暗弱度给出了它们所属星云的可靠距离。

精确性稍弱的距离是通过星云中最亮星的视暗弱度得到反映的。这个标尺可以被用在远至约 600 万或 700 万光年的室女座星云团上，它是大星云团中距离最近的一个。这个新标尺中的离散相比于速度所对应的距离的变动范围来说相当小。新的进展不可避免地导致了将 K 项作为一个距离函数而进行的再研究。

尽管在 1929 年时有 46 个天体的速度可资利用，但这把新标尺仅给出了 18 个孤立星云以及室女座星云团的距离。不过，距离上的误差相比于它们所分布的范围来说是如此之小，以至于速度-距离关系(图 9)从大体就是其目前形式的数据中产生出来了。[①]

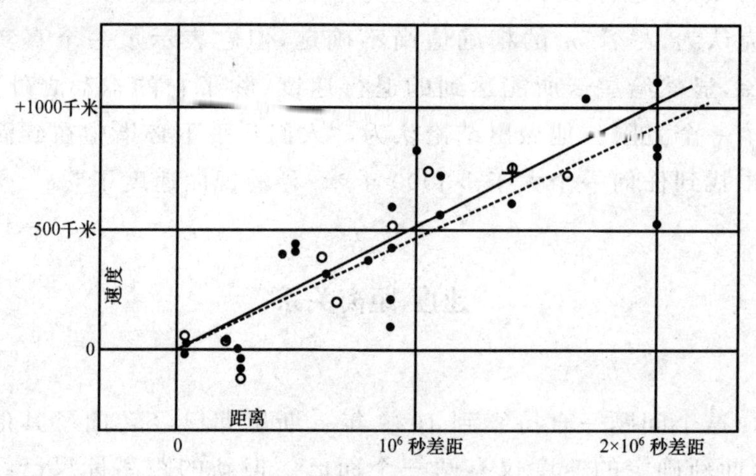

图 9 速度-距离关系的公式化

对太阳运动做了改正的视向速度(单位：千米/秒)对照着距离(单位：秒差距)被标绘出来，距离是根据星云中所包含的恒星估算得到的，而在室女座星云团(由四个最遥远的星云作代表)的情况里，距离则是根据星云团中全部星云的平均光度估算而得。黑色的实心圆和实线代表的是利用单个星云求出的太阳运动解；圆圈和虚线代表的是将星云组合成群求出的解。

太阳相对于星云的运动被发现为大约 175 英里/秒，大体朝向明亮的织女星方向。这一结果与由于银河系自转所造成的太阳运动——太阳绕银心的轨道运动——并无太大差异。这种一致清楚表明，在星云当中，银河系的运动必定很小。这些数据尚不足以以任何精度确定这一运动。

K 项被严格描绘为距离的一个线性函数。一般来说，在大约 650 万光年的观测范围内，速度以每百万光年距离约 100 英里/秒的速率增加。在距离效应和太阳运动从速度的观测值中去除掉之后，代表星云本动的剩余值平均约为 100 英里/秒。而且，接近的速度与退行的速度差不多一样大。由此，速度观测值被减至正常状态，而剩余量的分布也是令人满意的。

---

① Hubble, "A Relation between Distance and Radial Velocity among Extra-Galactic Nebulae," *Proceedings of the National Academy of Sciences*, 15, 168, 1929.

速度-距离关系一旦被确立起来,那么对于速度已知的星云,这一关系显然都可以被用作一把距离标尺了。这把新标尺的第一次应用就被用到了斯里弗名录中那些在其中没有观测到任何恒星的星云上。速度观测值除以 K 项,就可以反映出那些仅有的误差是由本动引起的星云的距离。距离与视暗弱度被放到一起,从而反映出本征光度。以这一方式得出的本征光度与那些在其中观测到恒星的星云的本征光度高度相似;平均光度以及它们所分布的范围在测定误差范围之内是一致的。速度已被测定的星云看来似乎构成了一个同质的群,而在其中可以观测到恒星的那些星云就是这个群的一个合宜的样本。这些结果的一致性也是速度-距离关系有效性的又一个证据。

赫马森的视向速度表

这些数据被多位权威人士进行了再讨论,偶有微小的修正,但获得公认的是,一般来说,该线性关系清楚地解释了当时可资利用的速度观测值。不过这些数据为数甚少,并且分布的范围只占可观测天区的很小一部分。更进一步的发展依赖于观测向更暗弱、更遥远的星云的扩展。这一艰巨任务是由威尔逊山天文台的米尔顿·赫马森(Milton Humason)承担的。

在其开创性的工作中,斯里弗已观测到一批具有代表性的较亮的星云,几乎达到其 24 英寸折射望远镜的有效分辨极限。赫马森利用威尔逊山的大反射望远镜将这项工作远推至未被探索过的天区。他于 1928 年开始他的计划,到 1935 年的时候,他已经增加了将近 150 个新的星云速度,距离范围推至了室女座星云团距离的 35 倍之外。

星云光谱研究的新阶段代表了技术方法与设备的稳步提高。就在小型暗弱星云的半恒星(semistellar)图像相关区域,大反射望远镜,尤其是 100 英寸望远镜相比于较小的望远镜有着明显的优势。光谱仪被设计出来以使这一特殊能力得到最大限度的发挥，并且根据使用经验而时时做出改动。

最基本的设备也就是棱镜后面的相机的发展带来了雷顿(Rayton)透镜。这一透镜是由博士伦光学公司(Bausch and Lomb Optical Company)的雷顿(W. B. Rayton)博士设计的，它是根据倒置显微镜物镜原理建造的。[①] 透镜的焦比是 F0.6——焦距比孔径的一半稍大一点——这一巨大的感光速度使它能够记录极度暗弱的星云的光谱。

雷顿透镜的成功导致了更进一步的试验，这些试验在将显微镜物镜进行油浸式改装时达到了顶点。根据这一原理，焦比已达到 F0.35——焦距约为孔径的三分之一，尽管透镜尚未在望远镜上进行过测试。[②]

星云团

赫马森是以少数几个速度已知的亮星云的光谱开始他的研究的。在他确信他的仪器和方法都很可靠之后，他向新的领域进行了大胆尝试。最初的问题是在一个很大的距离范围内检验速度-距离关系。出于这一原因，观测集中在星云团中最亮的星云上。

第一个速度是飞马座中一个星云团的速度＋2400英里/秒[③]，它比此前已知的最大速度大两倍还多。从那时以后，

---

① Rayton, "Two High-Speed Camera Objectives for Astronomical Spectrographs," *Astrophysical Journal*, 72, 59, 1930.

② 这个透镜是由英国科学仪器研究协会的布雷西(R. J. Bracey)设计的。海尔的论文对它做出了介绍：Hale, "The Astrophysical Observatory of the California Institute of Technology," *Astrophysical Journal*, 82, 111, 1935.

③ Humason, "The Large Radial Velocity of NGC7619," *Proceedings of the National Academy of Sciences*, 15, 167, 1929. 赫马森后来曾发表过两个重要的速度名录："Mt. Wilson Contr.," Nos. 426 and 531; *Astrophysical Journal*, 74, 35, 1931 and 83, 10, 1936.

随着越来越暗弱的星云团得到观测，吸收线也持续不断地在整个光谱范围内铺展开去。彗发星云团的速度被发现为4700英里/秒，大熊座一号星云团的速度为9400英里/秒，双子座星云团的速度为15000英里/秒，最后，牧夫座星云团和大熊座二号星云团的速度分别为24500英里/秒和26000英里/秒，约为光速本身的七分之一。

后面这些星云团中的星云在望远镜的长焦（卡塞格伦望远镜）里是不可能被看到的。光谱仪的狭缝首先对准邻近的恒星，然后以精确的量（根据直接摄影图像而定）被移动至看不见的星云所在的位置。观测因而几乎扩展到了现有仪器的最远极限。在更大的望远镜被建造出来之前，无法指望见到任何极其重要的进展了。

在整个的范围内，速度都完全随距离而增加，在所能估算出的距离范围内，这种线性关系都得到严格保持。[①] 除却巨大的速度效应，星云团中五或十个最亮星云的视光度会提供非常可靠的距离标尺。较为暗弱的星云团的光谱整体朝向红端移动了如此之远，以至于光在照相区域内的分布被显著改变了。星云因而看起来似乎比正常情况下更为暗弱，而这一效应完全随红移而增加。对这一效应的精确估算稍有点不确定，这将在稍后说到对红移的解释时得到讨论。但这一效应的大体情况是已知的，近似的改正目前当然得到了应用。

两个最暗弱星云团——其中的星云速度已经测定——所在的距离估计分别约为2.3亿光年和2.4亿光年（7000万秒差距和7300万秒差距）。速度-距离线性关系由此在一个巨大的空间体积内得到证实，并且可以被认为是可观测区域本身的一个普遍特征。

---

① Hubble and Humason, *The Velocity-Distance Relation amon Extra-Galactic Nebulae*, "Mt. Wilson Contr.," No. 427; *Astrophysical Journal*, 74, 43, 1931. 随后的研究会在本书第7章进行讨论。

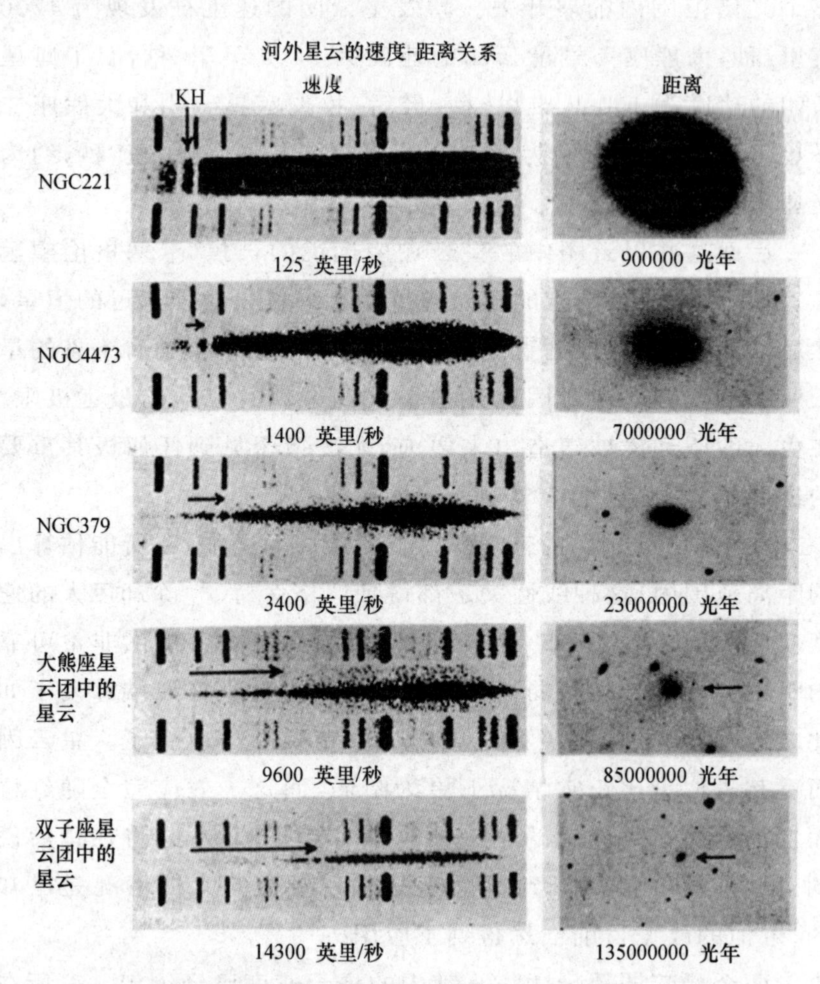

星云光谱上方的箭头指向 H 线和 K 线，并显示出这些谱线向光谱红端的位移量。比较光谱为氦的光谱。

直接摄影图像（相同尺度并且曝光时间大致相同）说明了星云大小和亮度随逐渐增加的速度或红移而减少。

NGC4473 是室女座星云团的一员，NGC379 是双鱼座星云群的一员。

图版Ⅷ　速度-距离关系

图版Ⅷ说明

这个图版中的5个样本说明了星云光谱中的红移随星云的视暗弱度而增加这一经验规律。由于视暗弱度可以量度出距离，因此该规律可以被表述为红移随距离而增加这一形式。详尽研究显示，这一关系是线性的（红移＝常数×距离）。

红移与速度漂移相似，而且目前并没有其他任何令人满意的解释可用：红移要么是由于实际的退行运动，要么是由于某些迄今尚未被认识到的物理学原理。因此，这一经验规律被大体描述为速度-距离关系（速度＝常数×距离），并且经常被认为是明显可见的证据，证明了广义相对论中的膨胀的宇宙。

光谱由赫马森拍摄。NGC221的速度为负——朝向地球运动，而且是太阳绕银心做轨道运动的一个反映。其他的速度为正——离地球而去。NGC221（M32）的距离预计应为700000光年。修正考虑到了局部遮光效应。

孤立星云

在星云团的初步研究之后，重点被转到了孤立星云上。在这里，还是赫马森迅速扩大了数据内容。稍早前的星云名录包含 18 个其中可以观测到恒星的星云，这个名录已增至 32 个，而孤立星云的速度总数已经过百。星云群也被包括在这个计划之列，目前，这些星云群以五个定义明确的星云群中大约 15 个星云的速度为代表。

星等下至 13.0 等的孤立星云得到了清楚呈现，还有星等更为暗弱的星云大量分布。已被观测到的最暗弱的孤立星云为 17.5 等，速度为＋12000 英里/秒。所有的天体看来都符合由星云团确定的速度-距离关系。根据这些孤立星云得到的这一关系明确无疑是线性的。K 项的数值不可能独立得到确定，但是当星云团的值被引入，并根据选择效应做出某种必要改正之后，由此得到的星云距离和光度与根据其他来源推得的数据完全一致。实际上，速度-距离关系是如此稳固地被确立了起来，以致它被假定为对所有星云都有效，而剩余量观测值也被加以分析，以获得它们所呈现出的有关星云本征光度或者说光度函数中的离散的信息。[①]

速度-距离关系的意义

作为一个单纯的距离标尺，该关系对于星云研究来说是很

① Hubble and Humason, "The Velocity-Distance Relation for Isolated Extra-Galactic Nebulae," *Proceedings of the National Academy of Sciences*, 20, 264, 1934. 又可见本书第 7 章。

有用的帮助。唯一的严重误差就是由本动引起的误差。这些误差平均在100～150英里/秒，并且可能与距离并无关系。由于K项随距离增加，保持不变的本动就会是K项值的越来越小的一部分。因此，确定值的精度百分比随距离增加而增加——相比于使用光度计测量的方法是很受欢迎的。

速度-距离关系并不只是对研究的一个强有力的帮助，它还是我们的宇宙样本的一个普遍特征——极少数已知事物之一。直到最近，空间探索还曾一度局限于相对较短的距离和较小的空间体积——在宇宙意义上来说就是还局限于相对比较微观的现象。目前，在星云世界，大尺度的宏观物质现象以及辐射都可以得到研究。期望一路飙升。有一种感觉是几乎任何事都可能会发生，而且事实上速度-距离关系也的确随着迷雾消散而浮现了出来。如果可以得到充分阐释的话，那么这个关系最重要的意义就是可能会给宇宙结构问题贡献一条实质性线索。

观测显示，星云光谱中的细节从它们的正常位置向红端发生了位移，而且红移随星云的视暗弱度而增加。视暗弱度可以根据距离得到确切解释。因此，观测结果可以得到重新表述——红移随距离而增加。

对红移的解释本身并未激起如此彻底的信心。红移可以被表示为分数$d\lambda/\lambda$，在这里，$d\lambda$是正常波长为λ的某一谱线的位移。位移$d\lambda$在任意特定光谱的整个范围系统地变化，但这个变化的结果是分数$d\lambda/\lambda$保持不变。因此$d\lambda/\lambda$明确说明了任意星云的红移，而且是随星云距离线性增长的那个部分。[①] 由此，红移一词将被用来表示$d\lambda/\lambda$这个分数。

此外，位移$d\lambda$总是为正（朝向红端），因此一条发生位移的谱线波长$\lambda+d\lambda$总是大于正常波长λ。波长增加的倍数为$(\lambda+d\lambda)/\lambda$或与之等价的$1+d\lambda/\lambda$。目前在物理学中有一个重要的关系，它说的是任意光量子的能量乘以量子波长为常数。因此

① 某一星云的视向速度比较粗略来说是光速（186000英里/秒）乘以分数$d\lambda/\lambda$。

能量×波长=常数

显然地,既然结果保持不变,那么随着波长的增加,红移必定减少了量子中的能量。对红移任何看似合理的解释都必须要考虑能量的损失。该损失必定发生,要么是在星云本身内部,要么是在光奔向观测者的极其漫长的路上。

对这一问题的彻底研究已经导致了如下结论。已知可能产生红移的方式有几种。在所有这些方式中,仅有一种将产生出巨大的红移而不会引起其他本应显著但未被观测到的效应。这一解释将红移解释为多普勒效应,也就是速度漂移,它反映了实际的退行运动。它可以比较有把握地被表述为,红移就是速度漂移,否则,它们就代表某种迄今尚未被认识到的物理学原理。

解释为速度漂移的做法被理论研究者们普遍采用,而速度-距离关系被认为是膨胀的宇宙理论所依据的观测上的基础。这样的理论流行甚广。它们呈现了根据非静止宇宙的假设而得出的宇宙学方程式的解。它们取代了较早前在静止宇宙的假设基础上得出的解,静止宇宙目前被看作广义相对论的特例。

不过,星云的红移发生在一个非常大的尺度范围,在我们的经验中是前所未有的,它们被暂时性地解释为人们所熟知的速度漂移,而有关这一解释的经验证实极有必要。关键性的检验至少在理论上是可能实现的,因为飞速退行的星云将会看起来比处于相同距离的静止星云更为暗弱。在星云速度达到与光速大致相当的程度之前,退行效应并不起眼。在接近100英寸反射望远镜的极限附近时,这一条件会得到满足,该效应也因此将是可测的。

这个问题将在结论那一章中得到更为充分的讨论。必要的研究难题重重,不确定性甚多,而且根据目前可资利用的数据得到的结论也非常可疑。它们在此被提及是为了强调这一事实,即对红移的解释至少部分地处在经验性研究的范围之内。因此,观测者的态度与理论研究者的态度稍有不同。因为望远镜资源尚未被用尽,所以在根据观测搞清楚红移是否的确代表了星云的运动这一问题之前,也许要暂缓做出判断。

与此同时,为方便起见,红移可以依速度规模来表示。不管最终的解释如何,它们都表现得有如速度漂移一样,而且在同样熟悉的尺度上得到非常简单地描述。"视速度"一词可以被用在经过审慎推敲的论述中,而在普遍的用法中,这个形容词所意味的始终是和它被省略时一样的。

老鹰星云内诞生恒星的创生柱

第六章

本星系群

• *Chapter Ⅵ The Local Group* •

星云是各自分布的，并且处于各种不同大小的群甚至偶尔一见的大型星团之中。小尺度上的分布与恒星系统中恒星的分布相似。在星云之中可以轻易发现与单个恒星、双星、三合星、聚星、稀疏星团以及疏散星团类似的天体。只有球状星团看来似乎在星云世界中没有对应之物。

前面几章已经描述了星云及其分布的可见的特征，以及用于研究它们内在特征之方法的进展。余下的几章将介绍由这些方法的应用而得出的某些结果，先是距离我们最近的星云群，然后是遍布在全体视场中的更为遥远的星云，最后是作为一个整体的星云世界。

视大小将不再是首要的兴趣，除非是当它们导致绝对大小的时候。大体而言，直线距离将会以光年(l. y.)来表示，光度以绝对星等(M)来表示。可能要重复说一下的是，绝对星等只是天体位于某一标准距离——10 秒差距或者说 32.6 光年——时所呈现出的视星等。太阳如果位于这个距离上，则正好会被裸眼很舒适地看到——照相光度就会是 M＝＋5.6。超巨星就会与金星不相上下，其中最亮的超巨星在光天化日之下也会被很轻而易举地看到。最暗弱的星云会比满月稍暗一些，而最亮的星云则可能比月球亮 100 倍。

本星系群的成员

天空巡测显示，星云是各自分布的，并且处于各种不同大小的群直至偶尔一见的大型星团之中。小尺度上的分布与恒星系统中恒星的分布相似。在星云之中可以轻易发现与单个恒星、双星、三合星、聚星、稀疏星团以及疏散星团类似的天体。只有球状星团看来似乎在星云世界中没有对应之物。

银河系是孤立分布在全体视场中的一个典型的小型星云群的成员之一。“本星系群”的已知成员是银河系以及两个作为其伴星云的麦哲伦云；M31 连同它的两个伴星云 M32 和

◀船尾座星云

NGC205；M33、NGC6822 和 IC1613。NGC6946、IC10 和 IC342 这三个星云可能是其成员，但它们是如此晦暗，以至于它们的距离也模糊未定。

本星系群的已知成员都非常容易进行观测。甚至在最遥远的成员中，造父变星也已被观测到，而恒星组成已得到相当详尽的研究。这些邻近的系统提供了一批星云的小样本，用来探索更为遥远的空间区域的标尺就是根据这一小批星云样本而被建立起来的。

在全体视场中距离较近的星云也远在这个群的边界之外。对它们的恒星组成的研究是如此困难，以至于已被收集到的确切信息微乎其微。尚无造父变星[①]得到证认——距离是通过从本星系群得到的精确度较弱的标尺估计出来的。银河系是某个群的成员这一事实是个非常幸运的偶然事件。在比目前运行的望远镜大得多的望远镜被建造出来之前，从全体视场中收集星云样本可能会被推迟。

本星系群包括两个三重星云。银河系和 M31 都各由一对伴星云相伴，距离如此之近以至于它们最外面的区域可能与主星云最外面的区域混杂在了一起。直到比较晚近的时期，这些云雾状天体的河外特征才被充分认识到。因为它们的比邻而居以及它们不同寻常的类型——它们被高度分解为不规则星云，有一种倾向是把这些云雾状天体视作银河系中可能的局部凝聚。尽管它们的确是星云中最接近而易于研究的，但它们在某种意义上被忽视了，而银河系外空间最早的确切的征服是在更为遥远的系统当中做到的。

本星系群已知的以及可能的成员，连同它们的某些表面特征以及它们的固有大小在表 5 中列出。这些已知成员遍布于一个椭球形空间之中，其最长直径约为 100 万光年。可

---

① 在距离最近的场星云之一 M101 中，有少数变星被观测到极亮期之间间隔很短，在这种情况下推测它们具有造父变星的特征，但光变曲线以及对其的证认都尚未得到证实。

能的成员距离模糊未定，但它们可以被置于这个相同的椭球形中或是一个稍大的椭球形空间中，而不用过分拘泥于观测数据。

表5　本星系群成员　　单位：1000光年

星云	类型	黄经 (λ)	黄纬 (β)	距离	直径*	绝对星等 M(星云)	绝对星等 M(恒星)**	速度***
LMC	Irr	247°	−33°	85	12	−15.9	−7.1	0
SMC	Irr	268	−45	95	6	14.5	5.8	+60
M31	S_b				40	17.5	6.0	−30
M32	E2	89	−21	680	0.8	12.6		
NGC205	$E5_p$				1.6	11.5		
M33	S_c	103	−31	720	12	14.9	6.3	−180
NGC6822	Irr	354	−20	530	3.2	11.0	5.6	−30
IC1613	Irr	99	−60	900	4.4	−11.2	5.8	
平均						−13.6	−6.1	
				可能的成员				
IC10	S_c?	87	−3					
IC342	S_c	106	+11					+150
NGC6946	S_c	64	+11					+110

* 直径所指为星云的主体部分。

** 绝对星等 M(恒星)指的是每个星云中三或四个最亮的非变星的平均值。

*** 视向速度根据太阳绕银河系中心的转动做了改正。因此，速度代表的是星云相对于银河系的个体运动(本动)以及距离效应共同的结果。

银河系朝向本星系群的一端充分延伸开去。椭球形的长轴大体上是向M31的方向延伸至远方。尽管数据对于精确表述来说还远远不够，但轴的银河系坐标可以暂时被采用为 $\lambda=80°\sim90°$，$\beta=-25°$。银河系的偏心位置是通过这一事实反映出来的：本星系群已知和可能的成员都在这个轴的40°范围之内，除了麦哲伦云和NGC6822之外(图10)。由于前者是银河系本身的伴星云，后者则是独立成员中距离最近的，因此它们的方向在名录上的重要性排在最后。

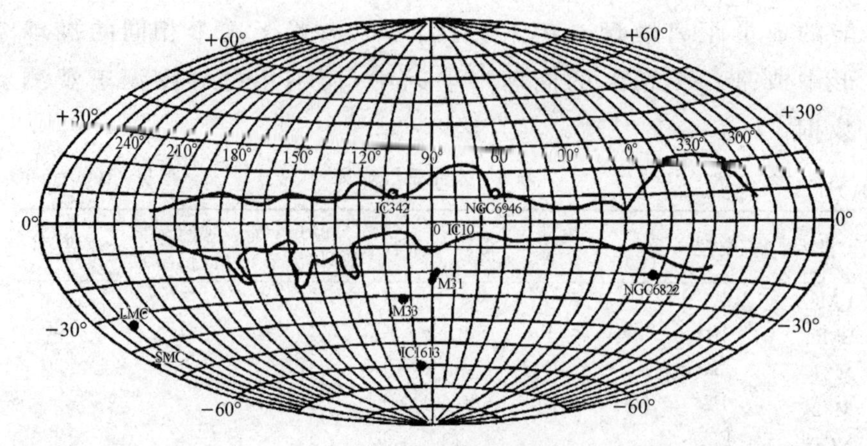

图 10　本星系群成员的视分布

位置是以银河系坐标来标绘的。正中的水平线 0°～0°代表银道面，不规则隐带沿银道面分布(见图 3)。实心圆表示的是本星系群的已知成员；圆圈表示的是可能的成员。可能成员的遮光效应很显著，尤其是在 IC10 的个案中。

这些星云就整体来说更多是处于南部低纬度的位置。IC1613，$\beta=-60°$，相当于一个方向的界限，而可能成员 IC342 和 NGC6946 的位置都是 $\beta=+11°$，它们相当于另一个方向的界限。这种分布对于星云研究来说有点棘手，因为大多集中在低纬度导致了显著的银河系遮光。由此，误差也就被引入了星云的研究中，而必须要用来为进一步探索校准方法的正是这些星云。遮光在三个存疑的可能成员的情况中尤其严重；它使这些星云的距离变得模糊，也因此使它们在群中的成员身份不明。其他成员可能完全被挡在银河系中的大型云雾状天体后面，尤其是在银心的方向上，在这里，隐带覆盖的范围很广。此外，处于银经 200°与 300°之间的低纬度星云不可能用位于北半球的大反射望远镜观察到。有关它们的恒星组成或是光谱所知甚少。其中几个，比如 NGC4945 和 NGC5128，在它们可以确切无疑地被排除在可能成员名录之外以前，必须得到仔细的研究。

这个群包括了几种不同类型的样本。棒旋星云和早型正常旋涡星云未见踪影，但椭圆星云、过渡类型星云以及晚型正常旋涡星云、不规则星云都被包含在内。尽管在全体视场中相对较为稀少，但特别地，不规则星云能通过四个成员而得到清楚地呈现。大麦哲伦云是一个巨星云，小麦哲伦云大约属于正常星云。剩下的两个不规则星云 NGC6822 和 IC1613 是所有光度已被确定的星云中本征光度最暗弱的。由此呈现出星云在大小上的变化范围很广，就此而言，这一批样本为研究作为一个类别的不规则星云的普遍特征提供了一个机会。

本星系群已经出于两个目的而得到研究。首先，这些成员作为它们所属的特定类型中距离最近也最容易得到研究的样本已被个别研究过，以确定它们的内部结构和恒星组成。意义重大的数据是形状与结构模式、光度、大小以及质量，尤其还有它们所包含的恒星的类型以及光度。其次，本星系群可以作为一组星云样本而得到检视，用于更进一步探索的标尺可以由这些星云样本推得。

银河系[①]

银河系由一大群恒星、尘埃、气体组成，非常扁，围绕垂直于银道面的轴飞速旋转。太阳是一颗恒星，几乎处于银道面上，但距离自转中心很远，可能有 30000 光年。形状与结构上的细节很难确定，部分是因为观测者自身的位置，但更主要地，是因为尘埃所造成的遮光。不过，通过综合运用事实、类比以及推测，构想出一个合理的初步假设（working hypothesis）是有可能的。

巨大而显著的尘云[②]明显是不透明的，遮蔽了沿银河系的大

---

① 更为广泛的讨论可见 J. S. Plaskett，“*The Dimensions and Structure of the Galaxy*”（1935 年牛津大学哈雷演讲）。此次演讲是对目前的银河系概念简单明了且权威的综述。

② 不透明或半透明的云可能由各种形式的物质组成，但大部分遮光必定要归因于尘（直径与光的波长相当的微粒）。如果是其他形式的物质，那么它需要大到不可思议才能解释被观察到的遮光。稀薄云的确存在——更多的是遮蔽而非使之变得模糊，这些云可能要么是由更少量的尘组成，要么就是由气体（分子、原子以及电子）组成的。在这两种极端情况之间，各种程度的遮光都被发现了。

片区域的视野。银心——可能是这个星云的核区——完全被遮蔽住了。这些尘云将规则区域框在由遮光构成的边界之内，从而导致了银河系中大部分明显可见的不规则性。不过，在充分考虑到遮光效应之后，仍然还有局部高密度区域，它被称为恒星云。

这些恒星云连同其他成团的迹象，导致了恒星分布的斑块状特征，这暗示了疏散旋涡星云或是像麦哲伦云这样的不规则星云中可被观测到的结构。由于银河系的快速自转意味着一种形状上的对称，这是不规则星云中所没有的，因此以旋涡星云做类比是更合适的解释。最后，银河系非常暗淡的面亮度（当它在一个很大距离之外所显现出来的）、分解的程度以及蓝巨星和发射星云状物质居多的情形，所有这些都暗示着该旋涡星云属于晚型 S_c 型星云。它可能与“大质量”旋涡星云 M33 相似。

恒星密度推测可能从核区向未界定的边界逐渐减小。对大小的估计是随意的，除非这一估算所及之处的特定密度得到明确说明。对于空间中遥远的观测者来说，银河系的面亮度在距离核区 4 万光年处可能并不显著，尽管在更远得多的距离也可以观测到单个的巨星和星团。主体部分可以被描绘为一块透镜状天体，宽度可能有 7 万至 8 万光年之阔，中心位置的厚度可能有 1 万光年。主体部分由一种非常稀薄的介质构成，恒星散布其间，在此之内，轮廓不清的旋臂从核区向外缠绕。恒星云是在沿模糊的旋臂处被发现的，遮掩云分布在整个的基面。

银河系自转是根据太阳相对于其他恒星的运动来确定的，其中一些恒星距离核区较近，而另一些恒星则较远。在太阳与银心的距离上，这一自转周期大约为 2.2 亿年。这一周期暗示着银河系总质量大约为太阳质量的 2000 亿倍。

最亮的（照相）恒星是蓝巨星（O 型星）。其他类型与在邻近系统中被观测到的恒星类型遵循着几乎一样的规则。造父变星在四或五个最亮的星等之中很引人注意。新星爆发率为每年数个。发射星云状物质（猎户座星云等）斑片和球状星云是显著的特征。

麦哲伦云

麦哲伦云由于距离很近，为有关作为恒星系统的星云的详尽研究提供了特殊的良机。它们是南方天体（纬度分别为－69°和－73°），因此，它们尚未用大反射望远镜来得到分析。麦哲伦云中为数众多的发射星云状物质斑片的视向速度在利克天文台的南方站得到了测定。[①] 除此之外，目前的数据中大部分都已在哈佛大学天文台的南方站用 24 英寸相机得到。[②] 利用这台相机，麦哲伦云中比绝对星等 0 等亮也就是可能比太阳亮 100 倍的所有天体都可以轻而易举地得到观测。从麦哲伦云中获取的信息比从天上其他星云中所获取的信息更为详尽。

如前所述，两个系统都是典型的不规则星云——极其清晰地被分解，没有星云核，也没有自转对称的显著迹象。在可观测极限之内，恒星组成与银河系极为相似。对应天体的相对视光度提供了大量对于距离的独立估算。造父变星当然显示了最为精确的距离，但是其他标尺对于确证量级以及证实结果的普遍一致性也是颇有价值的。

麦哲伦云对裸眼来说轻易可见。它们的照相视星等约为 1.2 和 2.8。根据沙普利的计算，由造父变星推得的星云距离分别约为 85000 光年和 95000 光年，大麦云距离稍近。由于它们在天空中相互分开约 23°，因此它们的绝对间距约为它们与地球的平均距离的 0.4 倍，就是说可能为 35000 光年。

位于纬度－33°的大麦云受到的银河系遮光的影响比小麦

① Wilson, *Publications of the Lick Observatory*, 13, 185, 1918.

② Wattenburg, *Astronomische Nachrichten*, 237, 401, 1930. 该文概述了此前对此数据的研究。一些数据可见 Shapley, Star Clusters (1930). 随后的研究陆续见于哈佛大学天文台的年刊(*Annals*)、公报(*Bulletins*)以及通报(*Circulars*)。此外，星云总星等的测定可见 Van Herk, *Bulletin of the Astronomical Instituted of the Netherlands*, No. 209(1930).

云(纬度－45°)更严重。这一差别效应约为0.1星等,应当会使大麦云的相对距离减少5%。小麦云的实际距离也许也要修正,但光度测定数据中的误差可能与遮光效应相当,而后者在目前可以被忽略不计。

与沙普利推得的距离相对应的总绝对星等分别为大麦云－15.9等,小麦云－14.5等,约为太阳光度的4亿倍和1亿倍。

麦哲伦云的主体大致为圆形,直径约为11000光年和6000光年。每个星云都包含一个长长的中央核(centralcore),核的大小约为较长直径的二分之一乘以四分之一。单个的天体,例如变星和星团,可以在完全处于主体部分之外的位置被发现。如前所述,主体部分一词粗略地被用来指称在曝光良好的照片上轻易可见的区域。除非密度极限得到明确说明,否则直径并无精确意义。

大小麦哲伦云的视向速度分别为＋276千米/秒和＋168千米/秒,这是根据发射星云状物质的斑片推算得的。速度大体上被解释为太阳运动的反映,因此星云在视线方向上的本动非常小。

在每个星云中都有一颗新星曾被记录到。极亮时刻光度的估计值约为 $M=-5$ 和 $M=-6$,因此,这些天体与在M31、M33以及银河系中发现的正常新星相似。

在这两个星云中已发现超过3000个变星,而被报告出来的名录并不完整。这些变星中的大多数可能都是造父变星[1],尽管已被发表的详细研究仅只关乎小麦云中的200个和大麦云中的40个变星。前述名录证实了目前形式的周光关系。也许要提及的是,该名录包括了莱维特小姐在其原初的关系公式中所用到的相对不多的几颗造父变星。

---

① 沙普利报告说,小麦云中全部恒星中约有2.5%比 $m=16.8(M=-0.5)$ 亮,这些星都是变星,推测可能几乎全部是造父变星类,见 *Proceedings of the National Academy of Sciences*, 22, 10, 1936.

长周期变星、不规则变星以及食变双星偶尔被提到,但数据分析并不完整,而且相对频数也还尚未确定。所有变星中最亮的是不规则变星剑鱼座 S,它是一颗天鹅 P 型星,属于编号为 NGC2070 的巨大弥漫星云状物质。包含在大麦云中的这一大团星云状物质蔓延的区域直径约为 200 光年。剑鱼 S 型星被列入星表的平均本征光度为约 $M=-8.3$,是所有的单个恒星中最亮的光度。它大约是太阳光度的 350000 倍。

大麦云中所包含的超巨星多得异乎寻常。非变星可亮至约 $M=-7.2$,而在小麦云中则为-6.0。此外,不同光度的恒星的相对频数与在银河系中发现的几乎相同。

疏散星团和发射星云状物质斑片在两个麦哲伦云中都为数众多。大麦云中已知的球状星团逾三十个,但在小麦云中被发现的只有少数几个。这些星团的估计星等随时都被加以修正。最近的估计,尽管公认并不确定,但也暗示了这些星团与 M31 中的类似天体相当,但系统而言要比银河系中的球状星团更暗弱一些。

M31[①]

仙女座中的大旋涡星云 M31 对于裸眼来说相当明显,它是一个伸长的云雾状天体,约为满月一半大小,大约有四等或五等星那么亮。它的旋涡结构从未用任何望远镜被看到,不过却可以用小型相机轻而易举拍摄到。

该星云是一个典型的 S_b 型旋涡星云,有一个相对较大而未分解的核区(裸眼可见的部分)和较为暗弱的旋臂。靠外的部分

① 有关 M31 的全面讨论,包括稍早前研究的参考文献,可见 Hubble, *A Spiral Nebula as a Stellar System*, *Messier* 31, "Mt. Wilson Contr.," No. 375; *Astrophysical Journal*, 69, 103, 1929.

可以被清晰地分解为恒星。有为数众多的新星、造父变星、早型巨星以及球状星团被发现，相对光度与麦哲伦云中的类似天体几乎完全相同。其中有40颗造父变星已经得到详尽研究，它们给出了相当可靠的距离，而该距离量级经由其他类型天体得到了确认。

该旋涡星云中的造父变星看来似乎在整体上比小麦云（标准系统）中的造父变星暗大约4.65星等。这个差异部分地必定归因于银河系遮光的差异，因为M31仅距银道面21°，而小麦云则距银道面45°。适当的改正会将这个由相对距离引起的星等差减少到大约4.3等。因此，该旋涡星云的距离约为小麦云的7.25倍，也就是约680000光年（210000秒差距）。

该旋涡星云有着常见的透镜形状，长短轴比例可能为6∶1或7∶1，但由于方向的原因，投影图像中的这一比例约为3∶1或4∶1。明亮的核区长直径约为3000光年，旋臂可以轻易描绘出的直径达40000光年。用经改良的方法可以观测到的较为暗弱的延长部分可能是这一直径的两倍，球状星团则遍布于这片更大的区域。[①] 因此，它的大小看起来与银河系大体相同，尽管M31是一种更为紧凑型的星云。

绝对光度被极其粗略地估计为$M=-17.5$（是太阳的1700倍那么亮）。其质量可能是太阳质量的300亿倍，这是根据核区自转（谱线倾斜度）推得的。

已观测到一颗超新星——仙女座S（1885）。它所达到的极大绝对光度约为$M=-14.5$（太阳的1亿倍），这比大多数星云都亮。正常新星的爆发率为每年25～30颗（已被记录到的有

---

① 根据球状星团得到的直径可见Hubble，"Mt. Wilson Contr.，" No. 452，*Astrophysical Journal*，76，44，1932；根据光电测量得到的结果可见Stebbins and Whitford，*Proceedings of the National Academy of Sciences*，20，93，1934；根据测微光度计得到的结果可见Shapley，*Harvard College Obsevatory Bulletin*，No. 895，1934.

115 颗)。光变曲线、光度与光谱[1]都与银河系新星相似。极亮时的绝对星等以平均值 $M=-5.5$ 为中心对称分布,离散度约为 0.5 星等。已被观测到极亮时最大值为 $M=-6.7$,约为太阳的 85000 倍那么亮。

最亮的变星也达到了这一相同的极限,这是一个有着不规则光变曲线的早型恒星,但有些迹象显示它的周期为五年。其他六颗不规则变星是已知的,其中之一是红色的,可能与银河系恒星参宿四相当。造父变星极亮时刻的光度范围在 $M=-4.1\sim-2.7$,这取决于它们的周期。比 $M=-5$ 亮的非变星并不多,上限看来接近于 $M=-6$。

一个被编目为独立星云的天体 NGC206 实际上是位于 M31 靠外区域的一个典型的恒星云。该恒星云的大小约为 1300×450 光年。约 90 颗恒星亮过 $M=-3.5$,而且恒星数随暗弱度增加而稳步增加,直至单个天体消失在无法分解的背景中。较亮的恒星为早型恒星,尽管它们的精确分类尚未被建立起来。尚未在这个恒星云中证认出任何发射星云状物质斑片,在这个旋涡星云的其他地方也未见。

少数疏散星团是已知的。一个典型样本是在核区西南约 48′沿长轴处被发现的。它明显可见是细长形的,长直径约为 50 光年。该星团局部被分解,而且在边缘处可以观测到少数单个恒星。光谱型为 A 型,其色指数比球状星团的色指数小得多。

大约 140 个球状星团是已知的,而这个名录对于星云距核区最远的区域来说尚不完整。[2] 它们的形状、结构、颜色以及光谱都与银河系中的球状星团相似。光度范围为 $M=-4\sim-7$,直径范围约为 12～50 光年。因此,M31 中的星团与麦哲伦云中的星团相当,而比银河系中的星团在整体上来说更小也更为

[1] Humason, "The Spectra of Two Novae in the Andromeda Nebula," *Publications of the Astronomical Society of the Pacific*, 44, 381, 1932.

[2] Hubble, *Nebulous Objects in Messier 31 Provisionally Identified as Globular Clusters*, "Mt. Wilson Contr.," No. 452; *Astrophysical Journal*, 76, 44, 1932.

暗弱。

星团的分布与旋涡星云中的光度分布一致,并且确定不是银河系中所发现的球状分布。由于这些星团可以比较有把握地与处于 M31 的整体区域之内的大量暗弱星云区分开来,因此可以用来勾勒出这个旋涡星云主体部分之外的最大延伸范围。星团的分布暗示这个旋涡星云的最大直径约为 100000 光年。对星团的搜寻也已显示出这一可行性,即:根据非常暗弱的场星云在趋近核区时渐弱的变化方式来确定 M31 的不透明程度。不过,这些数据仍是不完整的,而且尚不可能提出确切的结果。

M32

M31 的两个伴星云中较近也较亮的一个是 M32,是 E2 型椭圆星云的典型样本(轴比为 8:10)。正如在投影图中所见,它叠在这个大旋涡星云的一个旋臂上,约在核区以南 25′处。因此,两个星云(核与核之间)的最小可能间距为 5000 光年。如果 M32 位于这个旋涡星云的平面上的话,则间距为 12000 光年。更大的距离可以被用来进行推测,尽管 M32 可以位于沿视线方向上相当广阔的极限范围内的任何位置。

这个星云聚集度很高,光度从核区向尚不明确的边界迅速减弱。等光度线(相等光度的轮廓线)近似椭圆。在曝光被按下之后,随曝光时间增加,星云直径增加,总光度也会因此增加。已有记录的最大长直径约为 8′.5,也就是 1700 光年,得到编目的值在由此向下至约 2′的范围内变动。这个巨大的变动范围突显了使用直径或光度而不明确说明它们所指的条件时所遇到的困难。M32——长直径约 4′也就是 800 光年——的绝对光度约为 $M=-12.6$(太阳的 2000 万倍)。将外部的星云状物质都包括在内并不会使这个值发生本质变化。

图版Ⅸ　M31

图版Ⅸ说明

这张合成图片是由100英寸反射望远镜拍摄的三个图版制得的，拍摄时在牛顿焦点处使用了罗斯无光焦度校正透镜（图版由邓肯于1933年8月19和20日拍摄）。这个大旋涡星云的核区不可分解——恒星太暗弱了而不能被个别记录——尽管在此区域内新星爆发的间隔很频繁。靠外的旋臂被清晰地分解，明亮的巨星可以得到详尽研究。右侧比较靠下的部分（核区西南方）在图版0以及图版Ⅴ中以大尺度得到呈现，彼处的分解很显著。

这个旋涡星云的较亮且较近的伴星云M32出现在核区的正下方（南方），位于旋臂的边缘处。在这个图版上，最亮星位于下方，在M32的右侧。更暗弱且更远的伴星云NGC205可以在中央图版右上角被找到（旋涡星云核区的西南方）。

此图显示了这个旋涡星云主体的大部分，而较为暗弱的延伸部分可以利用测微光度计勾勒出的直径范围可达主体的至少两倍。在100英寸反射望远镜的牛顿焦点上，主体部分的图像约长2英尺；在卡塞格伦焦点上，约长6英尺。

当星云核被界定为在照相图版上所能勾勒出的最小图像轮廓时，它呈现出的样子是一个直径约 2″的半恒星圆面。视星等约为 $m=13.4$，比 M31 中对应的图像亮得多。在照相方法所达到的极限之下，更进一步的分析可以以可视的方式进行。辛克莱·史密斯(Sinclair Smith)[①]在 100 英寸反射望远镜上加了一个干涉仪，并用它对 M32 的核区进行了研究，未发现条纹，并得出结论说并无任何恒星中心核被包含其中。在临界条件下，他能够看到一个直径约为 0″.8 也就是 2 光年的稳定不变的核的图像，云雾状天体由此向各个方向上渐次减少。

M32 的光谱型是 dG3，矮星云特征显著。颜色分类(color-class)在巨星尺度上为 g8 型。两个特征都未随与核区距离变化而发生变化。未见任何极化现象。

图像的结构质地平滑而无特色。并不存在一点点最微小的分解的迹象，因此，比——比方说——$M=-2$ 亮的恒星无疑并不存在。与现有的其他有关其结构的理论相比，将 M32 作为一个恒星系统的构想所表现出的重大矛盾之处较少，但它并未对相当大的色余(颜色分类与光谱型之间的差异)做出解释。一般来说，这一现象是椭圆星云的典型特征。

NGC205

M31 较为暗弱的伴星云 NGC205 是一个被分类为 $E5_p$ 的不规则椭圆星云。正如在投影图上所见，它的位置在 M31 核心西北约 37′，靠近该旋涡星云的短轴处。因此，最小间距为 7500 光年。在视线方向的精确位置未知，但为进行推测，它可以被假定为位于该旋

① Smith, *Some Notes on the Structure of Elliptical Nebulae*, "Mt. Wilson Contr.," No. 524; *Astrophysical Journal*, 82, 192, 1935. 有关核外区域的研究可见 Hubble, *Distribution of Luminosity in Elliptical Nebulae*, "Mt. Wilson Contr.," No. 398; *Astrophysical Journal*, 71, 231, 1930.

涡星云的平面上。在这一情况下,间距约为30000光年。

NGC205的核与M32的核相当,但要暗弱得多,并且被包围在相对较为暗弱的星云状物质中。光度向未明确界定的边缘逐渐减弱,等光度线近似椭圆,轴比约为5:10。星云较为显著的部分约为8′×4′(1600×800光年)。在中度曝光的照片上[①]已测得长直径为12′(2400光年),曝光时间越长则无疑可以得到越大的星云大小。总光度粗略估计为$M=-11.5$(太阳的700万倍),因此该星云是一个非常暗弱的矮星云。

核周围最近的区域呈现出某种结构,这显然是由众多小块的轮廓相当清晰的遮光造成的。单就前景星来说,非常暗弱的恒星要比预期的多,其中一些可能与星云有关。一些球状星团也集中在这片天区之内,它们更可能与NGC205——而不是与M31——有关。这些多种不同的特征,连同低得异乎寻常的光度梯度,都是如此地独一无二,以至于该星云被分类为罕见星云。早型光谱型F5型也很反常。

这个三重系统的组成部分(M31、M32和NGC205)有着大致相同的视向速度[②],而且大部分都被解释为太阳运动的反映。NGC205的速度与M31一致,但M32的速度有大约35千米/秒的差异。后者这个差异很小,但由于它是从大尺度的光谱推得的,因此可能是真实存在的。它暗示了伴星云(M32)围绕主星云(M31)做轨道运动的可能性。NGC205假如是在M31的平面上围绕这个旋涡星云转动的话,并不会显示出任何视向运动的迹象。它位于该旋涡星云投影图像的短轴附近,而且其轨道运动全部都会处在视线方向上。

---

① Reynolds, "Photomietric Measures of the Nebula NGC205," *Monthly Notices, Royal Astronomical Society*, 94, 519, 1934.

② M31和M32的速度为-220千米/秒和-185千米/秒,都是根据由相同仪器所取得的较大尺度光谱图推得的。NGC205的速度——必定是根据很小尺度的光谱推得的——为-300千米/秒,并且与由相同光谱图所取得的光谱中测得的M31速度一致。M31在这两种情况下的速度差异显示了随尺度变化而发生的一个相对较小的系统变化,它的影响是已知的,而且照例被应用到了星云速度上。

M32 如果位于 M31 这个旋涡星云的平面上并且距离该星云核 12000 光年的话，则它的轨道运动速度约为 105 千米/秒。这个速度所对应的 M31 的质量大约为太阳质量的 10^{10} 倍——一个并非不合理的值。但是，正如 M31 的视向速度所显示出的，其伴星云(M32)会向与 M31 旋臂中物质方向相对的方向运动。这一矛盾之处看来似乎是值得考虑的，而且可能对这一假设——M32 在旋涡星云的平面内旋转，也就是说它现在就处于这个平面内——是决定性的。仍然地，这个三重系统的动力学问题尚处于推测阶段，而且在它们可以以一种确定的方式得到讨论之前必须要收集到更多的其他信息。

M33①

M33 是一个大质量的 S_c 型旋涡星云，呈倾斜状，因此在投影图像上的轴比约为 2 比 3。主体部分的长直径约为 1°(12000 光年)，随后较为暗弱的延伸部分几乎为这一直径的两倍之远。星云核从外观看像是一个巨大的球状星团，尽管并未发现任何分解的迹象。正像从大尺度光谱中所推得的，星云核呈半恒星状，$M=-8$，光谱型为 F5 型，色余明显可测，视向速度为 -320 千米/秒。

核区呈现了某种不可分解的星云状物质背景，它具有模糊不清的旋涡结构以及为数众多的遮光斑片。恒星浓密地分布在这一背景之上。随着与星云核的距离增加，未分解的星云状物质逐渐消失，而旋臂变得更为显著。这些旋臂很宽，而且被清晰地分解为恒星、星团以及云。

---

① 对 M33 的一个全面讨论，包括较早研究的文献，可见 Hubble, *A Spiral Nebula as a Stellar System*, *Messier* 33, "Mt. Wilson Contr.," No. 310; *Astrophysical Journal*, 63, 236, 1926.

图版Ⅹ　**M33**

图版X说明

本图版显示了用100英寸反射望远镜拍摄的核心区域。该星云可能与银河系相似，但要小得多。

M33是一个晚型旋涡星云，位于与过渡型旋涡星云M31及其椭圆伴星云（见图版0和图版X）大致相同的距离（约700000光年）。对这些星云的比较为恒星组成沿分类序列发生的系统变化提供了某些详细信息。例如，与M31不同，M33中的分解延伸到了核区内部。此外，M33的总光度中，相当可观的比例要归因于蓝色的超巨星；M31中的相应的比例要小得多，而在椭圆星云中，没有任何此种恒星被发现。此类数据正在缓慢积累，但最终它们也许会为恒星与恒星系统的演化提供某些线索。

M33的照片是用100英寸反射望远镜于1935年11月30日拍摄的；页面顶部为南方；1mm＝5″.5。

正如35颗造父变星所指明的一样，星云的距离为720000光年（220000秒差距）。这些造父变星看上去整体上比M31中的造父变星亮0.1星等。这一差异最初仅仅被归因于相对距离所造成的，并且认为M33比M31稍近一些。这一次序如今被颠倒过来，因为视光度中的差异比由银河系遮光中的差异——约为0.2星等——在相反方向上所抵消掉的更大。不过，遮光（纬度效应）是以一种统计学方式得到确定的，而局部变化是可能的，尤其是在M31所处的银河系边缘附近。这一可能性造成了某种相对距离上的误差。除了两个星云的距离大致一样遥远（约为700000光年）这一评论之外，可能没有更确切的结论证据充分了。由于它们在天上的角间距很小——约为15°，从这一角度来说，它们的距离的相等有着重要的意义。它们的线距离小于200000光年，这在宇宙尺度上是一个相对很短的距离。

M33比中等星云稍亮一些。它的总光度约为$M=-14.9$，或者说是太阳光度的1.6亿倍。它的质量正如光谱自转所暗示的可能约为10亿个太阳的质量。

6个看来是正常的新星已被记录。最亮的变星是不规则变星，并且在1925年达到了极亮时刻的最大光度$M=-6.35$。它的光谱在当时为早型光谱，带有暗弱的发射线，推测可能是氢的巴尔末线系。色指数小到可以忽略不计。

非变星的光度上限约为$M=-6.4$。较亮的恒星为蓝色星，而比造父变星更亮的有色恒星非常少见。比$M=-3$更亮的恒星的相对频数与在银河中所发现的相似。M33中的某些小星团在外观和颜色上类似于M31中的球状星团，但在整体上暗弱一个或更多星等。因此，它们真正的性质稍有可疑。

包含有蓝色星的发射星云状物质斑片为数众多，有几个被编目为独立星云。最为显著的星云NGC604稍长，直径约为230光年。光谱与银河系中的发射星云状物质——比如猎户座星云——的光谱极其相似。NGC604中包含有一个小型星团，它由15或20颗光度范围在$M=-5\sim-6.2$的最亮星组成。根据它们的光谱颜色与暗弱的轮廓，这些恒星被粗略证认为O型和B0型星。这些恒星的光度与星云状物质的范围之间的关系与在银河系内所确立的普遍关系相一致。

NGC6822[①]

NGC6822是一个不规则星云，与麦哲伦云相似，但要小得多也暗弱得多。它靠近银河系(纬度为−20°)，并且总体上位于银心方向(经度为354°)，在这里，巨大的遮掩云最为显著。因此，根据银河系遮光所做的改正相当粗略。

12颗造父变星的视星等显示出它的距离为小麦云距离的6.7倍，标准纬度改正将它的绝对距离降至约530000光年(164000秒差距)。该星云的主体部分细长，直径为3200光年和1600光年(20′×10′)。有一个约1250×470光年(8′×3′)的中央核，与麦哲伦云中的核相似。它有非常暗弱的延伸部分，这一可能性尚未得到研究。这个星云是一个非常暗弱的矮星云，是已知最暗弱的矮星云之一，其绝对星等约为$M=-11$(太阳光度的500万倍)。

尚未观测到任何新星。发现了几个不规则变星，其中没有一个比最亮的造父变星更亮。少数几个星团被包含其中，推测可能是球状星团，但它们相对较为暗弱，并与M33——而非M31——中的星团更为相似。有五个显著的发射星云状物质，其中最大的一个像是环状，直径约为130光年，以一小群亮星为中心。恒星光度的上限约为$M=-5.6$，这是一个很低的值，也许反映了这个星云的恒星组成很有限。根据一小片发射星云状物质推得的视向速度为−150千米/秒，与太阳运动所反映出的

① 全面研究，包括稍早研究的文献可见Hubble, *NGC6822, A Remote Stellar System*, "Mt. Wilson Contr.," No 304; *Astrophysical Journal*, 62, 409, 1925.

速度极为一致。

IC1613

像 NGC6822 一样，IC1613 是一个很小的、暗弱的不规则星云。它所处的高纬度－60°让它可以不受较为浓密的局部遮光的影响，并因而使得对光度数据的解释变得简单。这个系统的特性是巴德发现的，他曾用 100 英寸反射望远镜对恒星组成做过一个详尽的分析，最终结果将于不久之后发表。[①] 他已经发现了许多变星，其中大多数都是造父变星。它的距离约为 900000 光年。主体部分大致呈圆形，直径约为 4400 光年，可能有太阳的 500 万倍那么亮。恒星组成与 NGC6822 的恒星组成相似，尽管星云状物质斑片并没有如此显著。

本星系群的可能成员

前面记述的九个系统已知是本星系群的成员。其他三个，NGC6946、IC342 和 IC10 也许可以被看作是可能的成员。前两个[②]是大而暗弱的 S_c 型旋涡星云，它们是在银河系的北边缘处被发现的，纬度均为＋11°。它们都处于局部遮光带——该遮光带与银河系中的不透明云相邻，除了正常的纬度效应之外，它们可能被遮蔽得很严重。总遮光量可能是 1～3 星等的任意量，相

① 某些结果在《威尔逊山天文台年度报告》(*Annual Report of the Mount Wilson Observatory*)(1934—1935)中被提到。

② IC342 被认为是本星系群的一个可能成员，见 Hubble and Humason, "The Velocity-Distance Relation for Isolated Extra-Galactic Nebulae," *Proceedings of the National Academy of Sciences*, 20, 264, 1934. 该旋涡星云后来得到描述，见 *Harvard College Observatory Bulletin*, No. 899, 1935. NGC6946 的相似的角色尚未得到评论。

图版Ⅺ　IC1613

图版XI说明

这个星云是不规则星云，并且与麦哲伦云相似，尽管它要更小也更暗弱得多(约为太阳光度的500万倍)。与大麦云相比，IC1613大约暗弱75倍，远10.6倍(距离900000光年)；因此，它看上去要比大麦云暗弱8500倍。

IC1613是本星系群已知成员中最遥远的星云。由于它的银纬很高($\beta=-60^\circ$)，因此前景星并不很多。因为这个原因，要辨别出恒星是否属于这个星云是一个相对比较简单的问题。它的恒星组成与麦哲伦云的恒星组成相似。发现存在有较小的差异，但它们可以通过这一事实来得到解释：麦哲伦云提供了远远大得多的恒星样本。

这个图片是由巴德用100英寸反射望远镜于1933年11月14日拍摄的；页面顶部为东；1mm=5″.9。

应的问题是，光度数据作为距离标尺就很模糊难定。在两个星云中都发现了恒星，其中没有一颗变星，但它们只是为可能的距离设置了上限。如果遮光总计为2或3个星等的话，那么这两个星云就是本星系群的成员；如果遮光量总计为一个星等，那它们就不是本星系群成员。

视向速度提供了其他的独立信息，但也同样模糊不明。NGC6946和IC342的速度根据太阳运动做了改正，分别为+110千米/秒和+150千米/秒。这些值表示的是本动与可能的距离效应的和。通过将这些量——二者均是未知的——适当组合，星云就可以被任意放置在本星系群之内或之外。

第三个星云IC10是天上最古怪的天体之一。利克天文台的梅奥尔(Mayall)是第一个唤起人们注意其古怪特征的人。[①]它完全位于银河系的边界之内，纬度为$-3°$。它的经度为87°，距银心约122°。它的基本结构显然是有着某种分解迹象的河外星云的结构。它的照片很难得到充分解释，但它们间接显示出，一个巨大的晚型旋涡星云的其中一部分在遮掩云之间朦胧可见。它的视向速度未知。它作为本星系群成员的可能性完全依赖于在极低纬度可望见到的过度遮光。在更进一步的信息可以利用之前，不可能做出更为明确的陈述了。

总　结

群成员的绝对星等范围为$M=-11\sim-17.5$，平均值为-13.6。这些值可以与后来在全体视场和星团中发现的进行对比，后者的星等范围为$-11.6\sim-16.8$，平均值为-14.2。这些细微的差异主要是由于本星系群中三个非常暗弱的矮星云——

① "An Extra-Galactic Object 3° from the Plane of the Galaxy," *Publications of the Astronomical Society of the Pacific*, 47, 317, 1935.

图版Ⅻ　NGC6946 和 IC342

图版Ⅻ说明

这些大且暗弱的晚型旋涡星云是本星系群的可能成员。它们在靠近银河系的地方($\beta=+11°$)被看到,因此,前景星为数众多(比较图版Ⅺ和图版ⅩⅢ,它们的银纬分别为$\beta=-60°$和$\beta=+75°$)。它们位于隐带的边缘处(见图10),并且深受局部遮光影响。由于遮光量的精确值未知,因此,它的距离以及在本星系群中的成员身份不明。

两个星云都得到局部分解,但没有任何恒星类型得到确切辨识,只有一个例外情况。1917年,一颗新星在NGC6946中被发现(见第73页),这一发现所开启的一连串研究导致了星云距离的确定。

NGC6946的照片由赫马森使用100英寸反射望远镜于1921年6月19日和20日拍摄的;顶部为南;1mm=6″.4。IC642的照片是用60英尺望远镜于1933年11月16日拍摄的;页面顶部为西;1mm=12″.1。

IC1613、NGC6822 和 NGC205 的存在。这些结果暗示了在全体视场中可能存在大量相似的矮星云，它们是如此暗弱，以至于在全面巡测中会被遗漏掉。对这些巡测所做的一次细致的重新检视表明，这样的星云如果大量存在的话，那么它们就会被发现，而且，它们必定因此被看作是相对比较罕见的天体。它们在本星系群中的存在看来似乎是这个星系群的独有特征，而且它们减弱了它作为普遍意义上的星云的合宜样本的重要性。

在推求星云和恒星的绝对光度平均值时并未对银河系加以考虑。银河系是本星系群的显要成员，它的光度尽管未知，但推测可能与 M31 大致在相同量级。如果这一假定值被计入名录中的话，那么(星云)平均光度就会约为－14.0，这一小批样本就会与场星云以及星团所提供的较大样本非常一致。(恒星)平均光度的变化可能不会超过 0.1 星等。

一颗超新星，也就是 M31 中的 1885 年超新星，已经在群中被确切地观测到。数颗银河系新星中的任意一颗——尤其是裸眼可见的 1572 年新星——都可能被归入超新星的分类等级，如果它们的距离已知的话。位于可能成员 NGC6946 中的 1917 年新星推测可能是一颗超新星，它是在达到极亮时刻之后经过一段未知的时间后被发现的。

在除银河系之外的四个成员中都已观测到正常新星——大小麦哲伦云中各一颗，M33 中 6 颗，M31 中 115 颗。这个巨大的 S_b 型旋涡星云[①]显然是一个很受青睐的系统，而 S_c 型旋涡星云[②]则比不规则星云[③]更受青睐。银河系(可能为 S_c 型星云)处于 M31 和 M33 之间。少得可怜的数据暗示了正常新星的频数可能取决于星云类型(系统之内物质的聚集度)，而且在某一指定类型的星云当中，该频数取决于总光度(恒星组成)。

---

① 即 M31。——译者注

② 即 M33。——译者注

③ 即麦哲伦云。——译者注

在 M32 这个典型的椭圆星云中并未找到任何恒星，而在 NGC205 这个罕见系统中，恒星的存在也非常可疑。本星系群的所有其他成员都得到了清晰的分解。大麦云和 M31 中的最亮星是变星（不规则变星），但在其他已分解星云中为非变星。大麦云看来似乎包含有多得反常的超巨星，甚至在将变星排除在外之后依然如此。恒星光度的上限约为 $M=-7.2$，这似乎是一个显著的例外。在其他成员中的对应极限范围大约为 $-5.5\sim-6.5$，平均值在 -6.0 左右。对这些数据的再检视，连同来自全体视场中较近星云的其他一些不多的数据，使得人们采用了 $M=-6.1$ 作为已分解星云中最亮恒星的绝对光度。这个量将在下一章中被用来作为一个距离标尺。

发射星云状物质斑片在晚型旋涡星云和不规则星云中都被发现了，但在较早型星云中则没有。这一分布似乎普遍有效。蓝色星以及发射星云状物质是高度分解的典型特征。

本星系群成员的视向速度大多数被解释为太阳运动的简单反映。剩余量代表了本动和距离效应的组合，距离效应必定为正值。由于剩余量很小——平均值是一个很小的负量——因此，距离效应必定不足，或者就是本动必定很大并且整体为负值。后一种选择意味着本星系群正在收缩，或者银河系正在接近中心，这一选择看来似乎并未得到较近的场星云的速度观测值支持。数据很少，而它们的解释并不完全是清楚无疑，但它们暗示了这一假说，即速度-距离关系在本星系群内是无效的，尽管它们还未证实这一点。

威尔逊山天文台明信片

第七章

全体视场

· *Chapter Ⅶ The General Field* ·

全体视场的研究开始于本星系群成员与较近的场星云之间的比较……随着距离逐渐增加，这些天体将会逐级变暗，事实上，实际观测的确呈现了一系列恰以预期序列排列的星云。最终，当望远镜也观测不到恒星组成的细枝末节时，剩下的就只有星云的总光度以及它们光谱中的红移作为可能的距离标尺了。

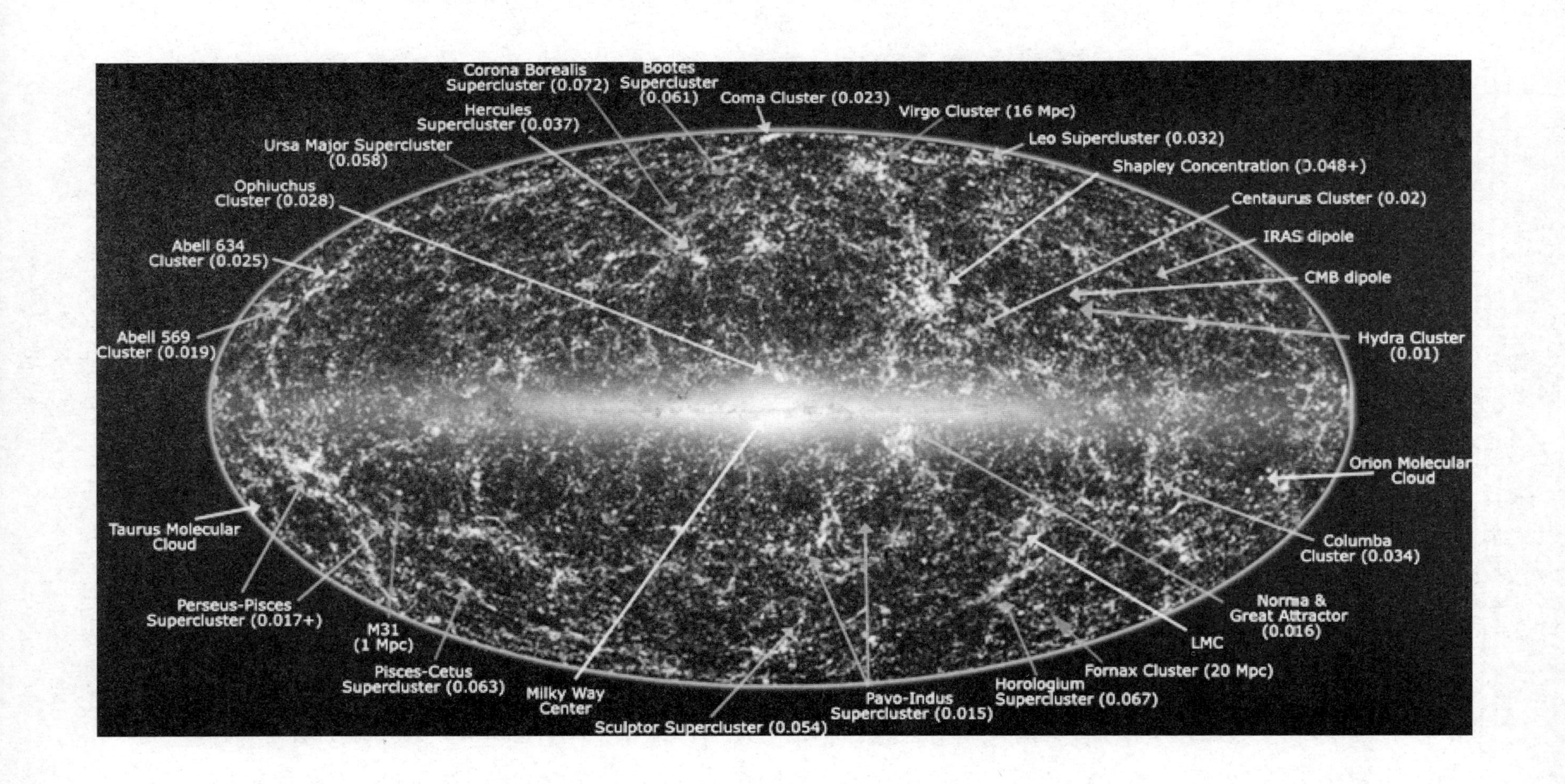
Corona Borealis
Supercluster (0.072)
Bootes
Supercluster
(0.061)
Coma Cluster (0.023)
Virgo Cluster (16 Mpc)
Hercules
Supercluster (0.037)
Leo Supercluster (0.032)
Ursa Major Supercluster
(0.058)
Shapley Concentration (0.048+)
Ophiuchus
Cluster (0.028)
Centaurus Cluster (0.02)
IRAS dipole
Abell 634
Cluster (0.025)
CMB dipole
Abell 569
Cluster (0.019)
Hydra Cluster
(0.01)
Orion Molecular
Cloud
Taurus Molecular
Cloud
Columba
Cluster (0.034)
Perseus-Pisces
Supercluster (0.017+)
M31
(1 Mpc)
Norma &
Great Attractor
(0.016)
LMC
Fornax Cluster (20 Mpc)
Pisces-Cetus
Supercluster (0.063)
Milky Way
Center
Pavo-Indus
Supercluster (0.015)
Horologium
Supercluster (0.067)
Sculptor Supercluster (0.054)

距离标尺

本星系群的星云样本，其距离的推求方法与在银河系内的研究所用方法相似。这个样本很小，但它是非常受欢迎的一个，也几乎是与全体视场中的星云的一个必要连接纽带。本星系群成员中最亮的一类天体在已被分解的较近的场星云中仍然可见。利用两组星云可资比较的内容，这些最亮的天体提供了一个共同的分母。这一对比表明，一般来说，已分解的场星云与本星系群中已分解的星云相似。这一结论有着重要的意义。

这个共同分母是“最亮星”，它被定义为某一星云中三或四个最亮的单个恒星的平均值。这些“最亮星”尽管并不是正好相等，但在所有已分解星云中有着相同量级的本征光度。平均光度主要是根据本星系群成员来确定的，这些本星系群成员的距离已由造父变星得知。一旦这个标度被确立起来，最亮星就可以指示出全体视场中所有已分解星云的距离。不过，这个距离是统计学意义上的——尽管平均而言是可靠的，但在个别情况下则受误差的影响。

最亮星可以被用来探索全体视场的内边缘，所用的方式与用造父变星探索本星系群的方式几乎相同。少数几个较为显著的场星云可以得到某种程度的详尽描述，正如在前一章中对邻近系统的处理方式一样。但是，为了广泛探索，这个标尺也以其他方式得到使用。已分解的场星云已知约有 125 个，数量之多足以构成一个普遍意义上的晚型星云的合宜的样本。这批已分解星云的样本，作为一个群体，可用来校准一个新的距离标尺，

◀用近红外拍摄得到的天空全景图，显示了银河系外星系在宇宙中的分布

也就是星云自身的本征光度，它适用于所有的星云，不管星云类型或是视暗弱度如何。

新标尺的应用范围是星云世界——整个的可观测空间区域。这个标尺又是统计学的，但目前离差很大。基本的一点是，这一标度应当不仅包括星云的平均光度，还应包括个别光度中的离散。这些必不可少的数据被包含在光度函数中，正如之前所说，光度函数是用来表示在某一给定空间体积内的星云之绝对星等的频数分布的专门术语。光度函数的特征是(a)频数曲线的形状，(b)平均星等或最常见星等，以及(c)离差。当这些均为已知时，该函数就可得到完整的描述。

频数曲线的形状与离差都已根据各组不同数据中的视星等得到确定。这些结果非常吻合：正如所料，该曲线近似一条正态误差分布曲线，离差稍低于一个星等。平均绝对星等值 M_0，顾名思义，可以仅根据距离已知的星云推得。本星系群的成员对于这一目标来说是太少了，因此，M_0 的确定主要取决于全体视场中这批已分解星云的样本。

距离标尺必然是逐步发展的，但仍然令人印象深刻。探索范围一步步扩大。每一个标尺都提供了一批校准新标尺的天体样本，而这把新的标尺在精确度上较低，但延伸到了更大的距离。第一步是在太阳系之内——太阳距离，它是天文单位。随后是在恒星系统之内，恒星视差、恒星运动、分光视差以及造父变星。最后这把标尺提供了与银河系外区域的关联。它引向了星云中的最亮星、星云光度，并且最终引向了——正如我们将要看到的——星云团中的最亮星云。

来自太阳的光在约 8 分钟(更精确地说是 500 秒)内抵达地球；从已得到测量的最遥远星团出发，这段行程需要 2.4 亿年。倍增因数约为 1.5×10^{13}，而星团的距离是已知的，其误差可能不超过 15%。这个比较突显了在星云世界中所遇到的高度一致性。只有当统计方法被应用到大量非常具有可比性的数据上，这一精确性才是可预期的。

最亮星

全体视场的研究开始于本星系群成员与较近的场星云之间的比较。造父变星绝不是本星系群成员中所能得到辨识的最亮天体。它们被某些类型的不规则变星、正常新星、最亮星、球状星团、疏散星团以及发射星云状物质斑片抢了风头。随着距离逐渐增加，这些天体将会逐级变暗，事实上，实际观测的确呈现了一系列恰以预期序列排列的星云。最终，当望远镜也观测不到恒星组成的细枝末节时，剩下的就只有星云的总光度以及它们光谱中的红移作为可能的距离标尺了。

这一论述的唯一例外是极其少见的超新星，它们以大约每500～1000年一个的平均时间间隔出现在任意一个星云中。根据少得可怜的可用数据，它们被认为在极亮时刻达到非常统一的本征光度，并且与星云本身的平均光度相当。超新星可以在巨大的距离外被观测到，而且从原理上来说，它们是一把有如星云总光度标尺一样可靠的距离标尺。不过，极亮时刻实际上被观察到的机会是如此罕见，而新星本身也是如此少见，以至于它们对于目前的问题贡献甚微。

为数不多的不规则变星以及正常新星已经在三或四个距离最近的场星云中得到证认，但尚未达到足够数目以提供非常精确的距离。疏散星团和发射星云状物质斑片更为常见，但它们很难得到确切证认，而且它们的群体特征并未得到极其充分的了解，并不足以让人对它们作为标尺的有效性具有信心。目前的问题看来是根据由其他各自独立的方法推得的距离来确定它们的群特征。

球状星团也呈现出可供研究的反常情况。恒星可以很容易地与视星等暗至19等——在最好的条件下，可能达到19.5等——的典型星团区分出来。一次星团巡测——在这些星团中发现有比这些极限星等更亮的恒星存在——表明，球状星团如果普遍存在，必定在不同系统之间有巨大的变化。某一系统中的最亮星团很少会比最亮星更亮，而且即便如此，差异也很小。[①]在照相图版的极限附近，偶尔一见的星团可能被误认为最亮星，但在根据大量数据推得平均结果时，这一混淆带来的影响并不严重。

因此，最亮星看来是星云的恒星组成中随距离增加而逐渐变暗的最后一把有用的标尺。这些恒星被认为在所有已分解星云中都大致一样的亮。这个假设得到两个论点支持，一个是理论上的，另一个是经验的。正如爱丁顿已经表明的，在理论上有充分理由可以假定存在有一个正常恒星所曾达到的相当确切的光度上限。[②] 如果这一上限存在的话，那么任何包含有数以百万计恒星的正常样本中的某些天体就有可能接近这一上限。星云，或至少晚型旋涡星云，代表了一批包含有必要类型的正常样本，因此它们中每一个都应当包含了某些接近这一上限的恒星。[③]

但除了理论之外，人们发现的一个经验事实是，最亮星在那些距离根据其他标尺已推得的已分解星云中都大致相当。这样的星云为数并不很多。这个名录中包括了银河系、本星系群的

---

① 在某一给定的星云之内，球状星团看来范围大约在 4 或 5 星等。M31 和 M101 中的最亮星团比最亮星稍亮，但在 M33、NGC6822 以及其他星云，可能还包括麦哲伦云中，最亮星团则比最亮星暗弱得多。在银河系中这一关系还相当不确定，尽管可资利用的数据表明，星团作为一个群亮得异乎寻常。较亮的那些星团，如果目前对它们的本征光度的估算是可靠的话，就会是本星系群成员中很显著的天体，而且在较近的场星云，甚至在室女座星云团成员中都会被轻易证认出来。在较近的星云中并未观测到这样的天体，这暗示着银河系中的球状星团是独一无二的，或者说对它们的本征光度估计过度。

② 这一论证就是说，光度是质量的正函数（质光关系），质量不可能超出某一极限（约为 100 个太阳的质量），因为彼时辐射压会变得如此之巨，以至于恒星会变得不稳定。见 Eddington, *The Internal Constitution of the Stars* (1926)，第 1、6、7 章；"Stars and Atoms"(First Lecture)，1927.

③ 非常亮的恒星在椭圆星云以及早型旋涡星云中的缺失暗示了，这些星云所代表的是一批反常的恒星样本，可能具有演化上的重要意义。

6 个成员以及全体视场中距离最近的三个星云。[①]“最亮星”这个词已被随意定义为星云中三或四个最亮星的平均值。这些星大体上都几乎一样亮，因此几个星的使用只是减小了异常特殊情况，或者说是在未对标尺的应用做出严格限定时造成错误证认的影响。在这种意义上来说，这十个星云中的最亮星光度范围大约为 2 个星等。所有十个星云的光度平均值，以及量度离散的离差 σ 就是

$$M_s = -6.1$$

$$\sigma = 0.41$$

因此，最亮星平均约比太阳亮 48000 倍。

这些数值是用以量度已分解星云的距离的标尺。该标尺是由非常非常少的数据推得的，在更多场星云的可靠距离可资利用之时，这个标度将会得到修正。少数可以用 100 英寸反射望远镜及时确定，但在目前在建的 200 英寸反射望远镜可以被用于解决这个问题之前，更多重要的信息尚无法预期。

已经提到，不同星云中的最亮星并不都是一样的亮。除非已根据其他方法知道了距离，否则异常明亮的星不可能与异常暗弱的星做出区分。在大的星云群中，异常情况往往会相互抵消，但对于某一个别星云来说，既然最亮星可能是正常的也可能是反常的，那么就必然存在某种误差。当离差的数值已知，个别星云或是任意大小的星云群的误差就可以计算出来了。

这一距离标尺中的离差将选择效应带进了统计学巡测中。当标尺是由最亮星提供时，这个效应很小，但稍后，当星云本身的总光度要被用到时，它就变得很重要，而且将以某种详细程度

---

① 场星云是 M101、M81 以及 NGC2403，在这些星云中，距离是通过新星、不规则变星、球状星团以及最亮星显示出来的。在 M101 中发现的某些变星可能是造父变星，但对它们的证认尚未被证实。它们的距离并不像本星系群成员的距离一样可靠，但这个单个星云名录中的新增成员被认为远远抵消了这种不确定性。见 Hubble and Humason，*The Velocity-Distance Relation among Extra-Galactic Nebula*，“Mt. Wilson Contr.，” No. 427；*Astrophysical Journal*，74，43，1931.

被讨论。同时要指出但不做深入解释的是，当星云根据其最亮星的视星等而被选中时，这些最亮星的平均绝对星等并不是以这一标度推得的值 $M_s=-6.1$，而是比它亮 $1.382\sigma^2$ 倍，在这里，σ 是离差。因此，在已分解星云的巡测中，这个值必定被用来作为统计学距离的标尺。相应的光度约为太阳的 60000 倍。

最亮星标尺中的误差

由于最亮星标尺的重要意义，因此在它被实际应用到全体视场之前，它的误差和局限性都将得到重新考虑。恒星只在某些类型的星云——即过渡型和晚型旋涡星云以及不规则星云——中被观测到了。在这些星云之中，恒星光度的上限看来似乎随类型变化而系统地发生变化。这种变化尚未得到精确测定，但已经知道的是变化很小。不过，既然那些其中能发现恒星的星云绝大多数都属于一个类型 S_c，那么，这种变化将会影响到的是统计研究中的残差的离差，而非平均结果。

可能会引起异议的是，被证认为单个恒星的图像可能代表的是星群或是星团。这一批评看来理据充分，因为在一个遥远星云中，一片巨大空间体积中所包含的东西会与某一单独的恒星无法分辨。不过，对银河系中的星团和星群——当它们在距离很远处出现时——的一项研究表明，当在对最亮的单个恒星做出区分时，误差并不会很严重。这个结论被一项有关本星系群成员中的星团的相似研究证实。这些邻近的星云尤为重要。造父变星显然是单个的恒星。作为最亮星被选中的天体比造父变星更为明亮，而且比例与在银河系中对应天体中所发现的大致相同。因此，极有可能的是，在本星系群成员中被选为最亮星的那些天体实际上是单个恒星。最后，正如将于稍后阐述的，星云及其最亮星的相对光度，在本星系群中和在场星云中都几乎是相同的。[1] 因此，场星云中的最亮星也可能是单个恒星。

此外，不管它们真正的性质是什么，这些被选为最亮星的天体似乎代表了在严格意义上具有可比性的天体。它们在同质材料——可比较照片——的检视中被选中，它们的光度相对于它们所在的星云来说并不随视暗弱度而系统变化。这一均质证据很重要，因为观测一般都是在望远镜极限附近进行的，此处的系统误差很难避免。其他误差的重要性较小。场星的消除是一个简单的统计学问题，它也许会引起很细微的偶然误差，而没有任何明显可见的系统误差。偶然发生的恒星和球状星团的混淆已经提到过了。

这个标尺看来对于初步测量的目标来说很好地发挥了作用，而相互独立的一致性证据是由速度-距离关系提供的。

最亮星标尺的应用

(a) 适用于已分解星云的光度函数

最亮星标尺已被应用在三个主要问题上，所有三个问题都对普遍意义上的光度函数的公式化起到了作用。这些问题是(a)已分解场星云的光度函数，(b)室女座星云团的距离以及(c)速度-距离关系的数字标尺。

如前所述，光度函数严格来说就是在某一给定空间体积内的星云中绝对星等的频数分布。刚好收集到这些数据是不可能的，但相同的频数分布可以根据随机选中且单个距离已知的任意星云大样本推算得。不过，重要的是，这个距离标尺中的离差应当会相当小。已分解场星云提供了仅有的近似于该技术标准

---

[1] 六个确切已知为本星系群成员的已分解星云的平均差值 $m_s - m_n$（未做星云类型改正）是7.93。归算为 S_c 型星云，这个平均值为8.28。如果可能成员IC342和NGC6946被包括在内，这个平均值就是7.96。这些值与场星云的值也就是7.85大约在相同的数量级。

的数据的重要列表。

在利用威尔逊山的大反射望远镜拍摄的图片上，恒星可以比较有把握地从大约125个星云中得到证认。[①] 最亮星的视星等 m_s 以及星云本身[②]的视星等 m_n 已得到测量或是估算，对每个星云都已计算出 m_s-m_n 这个差值。这些差值比较出了星云的光度与它们的最亮星的光度。比如一个5等的差值意味着，某一星云比它的最亮星亮100倍；当差值为10等时就意味着，某一星云比它的最亮星要亮10000倍。如果恒星全都正好相等，这些差值就正好显示了星云的绝对星等。这样，这些差值的频数分布就可以完全确定出光度函数。当然，最亮星当中的离差实际上会使这个问题变得复杂，尽管这种影响很小而且是可以被计算出来的。

m_s-m_n 这个差值的频数分布显示在图11中。这些点用经调整以与数据相符的正态误差分布曲线得到清楚描绘。平均或最大频数差为7.84星等，离差为0.94星等。[③] 离差是将最亮星和星云的离差同时计算在内。当前者被去掉之后，仅只星云的

---

① 此类数据的初步列表由哈勃（Hubble，"Mt. Wilson Contr.，" No. 324；*Astrophysical Journal*，64，321，1926）以及哈勃和赫马森（Hubble and Humason，"Mt. Wilson Contr.，" No. 427；*Astrophysical Journal*，74，43，1931）给出。此处讨论的更全面列表还包括了由作者收集的其他数据，它将发表在即将出版的"Mt. Wilson Contr.，" No. 548.

② 星云的星等大体上代表了由斯特宾斯及其同事使用一个正好置于望远镜焦点上的光电管所做的实际测量，或是哈佛亮星云巡测中所列出的星等——被归算为光电测量系统的星等。

③ 简单差值的范围为5.2～11.3，平均值约为7.9星等。频数分布是对称的，近似于一条正态分布曲线，离差稍小于1星等。在125个星云中，11个为不规则星云，16个为过渡型旋涡星云，其余的也就是全部星云中的98个是晚型旋涡星云。不同类型星云的平均差值如下：

类型	数量	m_s-m_n
S_b	16	8.57±0.20
S_c	98	7.84±0.06
Irr	11	7.15±0.25

这些结果显示了星云光度上的系统减弱，或者是最亮星光度沿分类序列的系统增加。来自其他来源的数据暗示了两种现象都可能产生影响，但最亮星中的变化更为重要。无论在何种情况下，这些结果都证明了过渡型旋涡星云和不规则星云向晚型旋涡星云系统的减少。改正离差并未在本质上影响到频数分布的平均差值或形式，但这些改正将离差降到了上述提到的值，也就是0.9星等。

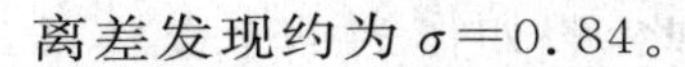

离差发现约为 $\sigma=0.84$。

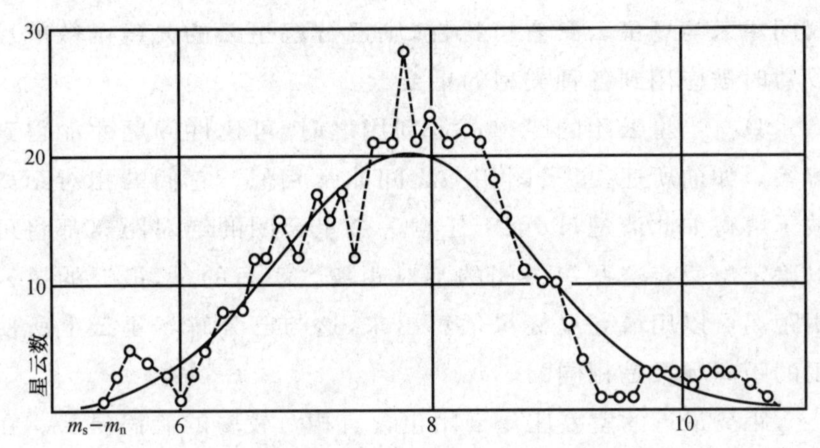

图 11 m_s-m_n 的频数分布

m_n 和 m_s 是星云及其最亮星的视星等。由于最亮星的本征光度(烛光)在所有星云中几乎相同,因此 m_s-m_n 这个差值就是以最亮星作为单位来表示的星云的本征光度。因此,当这个单位的绝对星等 $M_s=-6.35$ 被从 m_s-m_n 这个值中减去后,这个图表代表的就是星云的不同绝对星等的相对频数。

大约 125 个星云被包括在图表中,被观测到的分布(虚线)已经通过三个连续值叠加的使用而得到修匀。实线是一条正态误差分布曲线,离差 $\sigma=0.9$。

因此,已分解星云的光度函数是一个正态误差分布曲线。

$$M_0=-6.35-7.84=-14.2$$

$$\sigma=0.84$$

星云的平均光度约为太阳的 8500 万倍。离差表明,大约一半的星云光度在平均光度的 1.5～2 倍的狭小范围之内。这个函数推及所有类型的星云,是根据不同类型的星云出现在星云团中以及速度-距离关系中的比较研究得出来的。

(b) 室女座星云团的距离

各种类型的星云都在星云团中被发现,尽管是以椭圆星云以及早型旋涡星云占绝大多数。一项在单个星云团之内进行的视星等研究表明,各种类型星云的平均光度和离差在整个分类序列中都具有可比性。假如有系统变化发生,它们也由于太小而不能被手上掌握的数据所证实。因此,假如作为一个整体的属团星云与场星云具有可比性,则已分解星云的光度函数就可以暂时被应用到各种类型的星云上。

只有当星云团的距离可资利用之时,可比性问题才能得到解答。如前所述,星云团相互之间非常相似。它们的相对距离被了解得如此清楚,以至于任意一个星云团的绝对距离都将可以确定出所有这些星云团的绝对距离。幸运的是,最近的星云团距离可以用最亮星标尺估算出来,这与已分解场星云上所使用的距离标尺是相同的。

距离最近的室女座星云团包含有相对较多的旋涡星云。在大多数晚型旋涡星云(S_c)中都能辨识出恒星,但较早型旋涡星云只有少数几个可以辨识出恒星。[①] 实际被观测到的最亮星视星等范围大约在 19～21 等,平均值在 20～20.5 之间。真平均值——包括未分解和已分解旋涡星云——必须是根据被观测到的星等的频数分布估算出来的。采用值 $m=20.6$ 可能在适当的数量级。这些恒星相应的绝对星等为 $M_s=-6.1$,因为选择效应并不适合一个其成员都位于与观察者大致相同距离的星云团。因此,视星等和绝对星等之间的差为

$$m-M=26.7$$

它被称为距离系数,而距离[②]约为 700 万光年。

由于观测并不完整——因为星云团中的旋涡星云并未全部被分解——结果并不是最终决定性的。不过,距离的大体量级被确立了起来,而且一批各种类型的属团星云大样本可资利用,

---

① 这一结论所依据的是笔者收集的尚未发表的数据。某些不完整的数据可参阅 Hubble and Humason, "Mt. Wilson Contr.," No. 427; *Astrophysical Journal*, 74, 43, 1931; 又可见 Hubble, *Red-Shifts in the Spectra of Nebulae*, 哈雷演讲(牛津),1934 年。

② 这个距离由下述公式给出

$$\lg d(\text{光年})=0.2(m-M)+1.513$$

它是直接根据 M 的定义得到的,也就是说,当 $d=32.6$ 光年 $=10$ 秒差距时,$M=m$。沙普利已经推得室女座星云团的距离为 1050 万光年。*Harvard College Observatory Bulletin*, No. 873, 1930.

图版 XIII 室女座星云团中的星云(M90 和 M100)

图版XIII说明

室女座星云团(距离=700 万光年)是大型星云团中距离最近的,而且它的特殊之处在于,除了在正常星云团中占大多数的早型旋涡星云以及椭圆星云之外,它还包含有为数众多的过渡型和晚型旋涡星云。因此,室女座星云团为处于分类序列不同阶段的星云之恒星组成提供了一个得以相互比较的良机。

这个星云团中的 S_c 型星云大多数都可以用 100 英寸反射望远镜得到局部分解,而且最亮星的视暗弱度反映出了距离量级。全部恒星中的最亮星是在 M100 中发现的(显示在图版中)。

S_b 型星云只有少数几个可以被分解,而且从整体上来说,它们的最亮星要比 S_c 中的最亮星更为暗弱。M90 是一个难以界定的样本;少数几个非常暗弱的天体被不太确定地辨识为单个恒星。一般来说,早型的星云团成员都未被分解。

图版是用 100 英寸反射望远镜拍摄的——M90 图版拍摄于 1935 年 12 月 21 日;M100 图版拍摄于 1925 年 1 月 21 日。在两个图版中,图版顶部均为北,比例尺为 1mm=4″.25。

以与全体视场中已分解星云加以比较。属团星云的视星等范围从 $m=10.2$ 到 $m=15$ 或更为暗弱，最常见的星等可能约为 12.7±。较亮的极限被清楚确定，但较暗弱的极限——在这里，偶然出现的星云团成员很难与场星云相区分——尚不确定。根据 $m-M=26.7$ 这个系数推得的相应的绝对星等范围为 −16.5 至 −11.7 或更暗弱；最常见的星等为 −14±。因此，属团星云与已分解场星云相当。适用于后者的光度函数可以并无争议地普遍用于各种类型的星云。

(c) 速度-距离关系

最亮星标尺得到应用的第三个问题是速度-距离关系的数值公式化。这个关系在得到校准后就可以反映所有速度已知的星云的距离，并因此可反映它们的本征光度。由于各种类型的星云都被包括在内，因此这个信息对于光度函数问题起到了重要的作用。

速度-距离关系是根据非常简单的数据，也就是星云光谱中的红移以及星云或是其最亮星的视星等推得的。速度（红移的简单倍数）根据太阳运动做了改正，但当然还包括了未知的星云本动在内。本动在距离效应中是作为偶然误差出现的，而且尽管它们对于单个星云来说还是未知数，但它们的对于统计学意义上的平均数的影响可以被估计出来并被部分消除。

星等经过银河系遮光改正，并且还对因红移引起的某种效应进行了改正，这将在第 8 章中进行更为充分的讨论。“改正的”星等 m_c 将暂时不做进一步解释地加以使用，而不使用“被观测到的”星等 m_0。这个关系是

$$m_c=m_0-\Delta m_0$$

在这里，Δm_0 是红移效应。改正量的数值 Δm_0 随红移而增加，但在红移达到 3000 英里/秒乃至更大速度之前，这个值并不会变得很重要。

速度的对数 $\lg v$ 和视星等 m_c 之间的相关性已经根据三组

各自独立的数据推得。第一个是已分解场星云的速度[①]和最亮星(29 个样本)星等之间的相关性;第二个是各种类型的场星云(无论是否分解)速度与星云本身的星等(103 个样本)之间的相关性;第三个是星云团速度(每个星云团速度所代表的是星云团内全部速度观测值的平均值)与星云团中第五亮星云的星等(10 个样本)之间的相关性。[②]

这三个相关性[③]在图 12、13、14 中以图形显示,它们由下述公式表示

$$\lg v = 0.2m_c - 1.197\text{(最亮星)}$$
$$= 0.2m_c + 0.553\text{(场星云)}$$
$$= 0.2m_c + 0.818\text{(星云团)}$$

在这里,速度 v 以英里/秒表示。这些公式准确描述了相同的速度-距离关系。常数上的差异与被用作距离标尺的那些天体的绝对星等的差异有关。一个标尺,也就是最亮星的平均绝对星等是已知的,因此,速度与距离之间的正比关系就可以用数字表示,另一个标尺的绝对星等也可以得到确定。两个结果都有重大的意义。

速度-距离关系的校准

速度-距离关系的校准如下。距离(单位:光年)的表达式是

$$\lg d = 0.2(m_c - M) + 1.513$$

① 本星系群成员未被包括在内。它们是如此之近,以至于本动相比于距离效应来说可能会很大,此外,尚不确定的是本星系群内是否存在距离效应。

② 这些大型星云团非常相似,有效的相关性可以通过使用比如说前十个星等或是前面几个的平均值中任意一个来得到。实际上,第五亮的星等与最亮的十个星等的平均值之间存在不到 0.05 星等的系统差异。如果不考虑正负号,则平均残差小于 0.1 星等。

③ 这些相关性代表了 1935 年底所能利用的全部数据的分析。详情将发表于“Mt. Wilson Contr.,” No. 549.

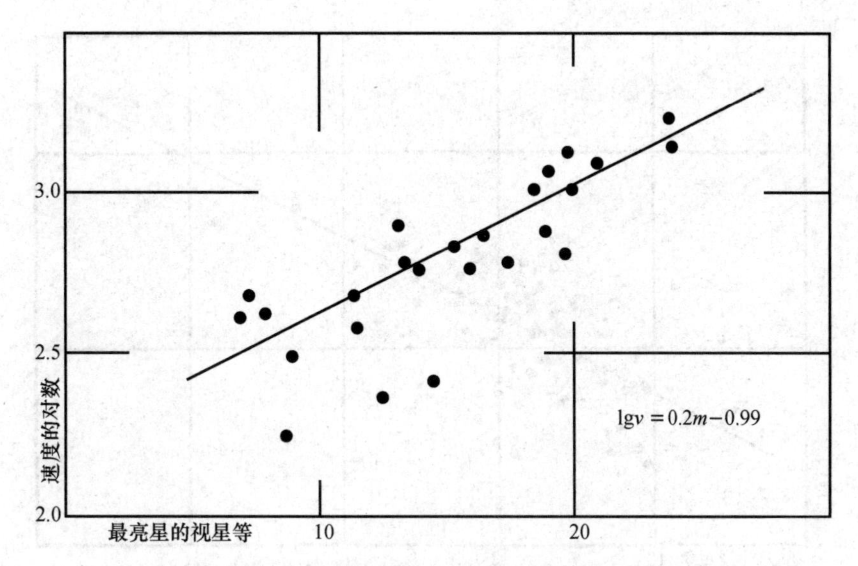

图 12 从最亮星得出的速度-距离关系

速度(单位：千米/秒,对太阳运动做了改正)的对数参照着星云中最亮星的视星等(对局部遮光做了改正)被标绘出来。本星系群中的星云被忽略不计。相关性线图主体下方的三个点可以由本动得到解释。

这里,M 是视星等为 m_c 的天体的绝对星等。因此,在最亮星的情况里,其 $M=-6.35$,

$$0.2\ m_c=\lg d-2.783$$

当 $0.2\ m_c$ 的这个值被代入到最亮星的相关性公式中,

$$\lg v=\lg d-3.98$$

$$v=0.000105d$$

$$d=9550v$$

因此,某一星云的距离每增加百万光年,则其视速度约增加 105 英里/秒(550 千米/秒/百万秒差距)。

另一种数据分析的方法导致了稍小但更有可能的系数值。$\lg v$ 和 m_c 之间的相关性被更为精确地描绘为速度-星等关系,而不是速度-距离关系,这一相关性受到由本动导致的残差不对称分布引起的误差影响。对称性的缺失很难做出评估和改正,尤其是在已分解星云的情况里,对这些已分解星云来说,距离效应必然很小。不过,这些星云是根据某一重要标尺推得了距离的

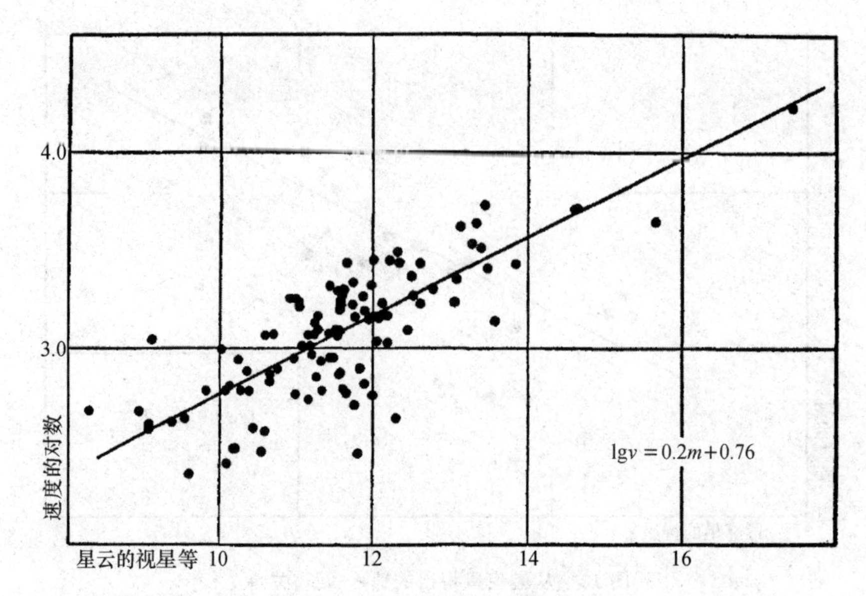

图 13　场星云的速度-距离关系

速度(单位：千米/秒,对太阳运动做了改正)的对数参照着星云的视星等(对于局部遮光做了改正)被标绘出来。本动效应在较亮(较近)的星云中明显可见。

仅有的天体,而它们也必定被用作数值校准。

速度-星等关系中的误差可以通过使用简单速度值——而不是速度的对数 lg$v$——以及根据系数 $m_c - M$ 计算出的简单距离而得以避免。因本动造成的残差此时会对称分布,并且当大量星云的平均速度被考虑进来时,它们往往会被抵消掉。与此相反,平均距离将出现系统误差[①],但必要的改正很小且可以被轻易地计算出来。在已分解星云的情况中,最亮星绝对星等中的离差为 0.4 星等,它的平均距离必定仅增加 1.7%。

速度-距离关系开始于坐标原点(观测者),并已知约近似于线性关系(根据对星云团和遥远场星云的观测)。现在,作为一

① 由于距离标尺的绝对星等频数以平均值为中心对称分布(光度函数是正态误差分布曲线),因此,对于某一特定视星等的天体来说,距离对数的频数也是正态分布的。因此,简单距离值将呈现某种偏态频数分布。不过,平均值之间的关系非常简单;

$$\lg\bar{d} = \overline{\lg d} + 1.152\sigma^2$$

这里,lg$d$ 中的离差 σ 为 M 中的离差的五分之一。

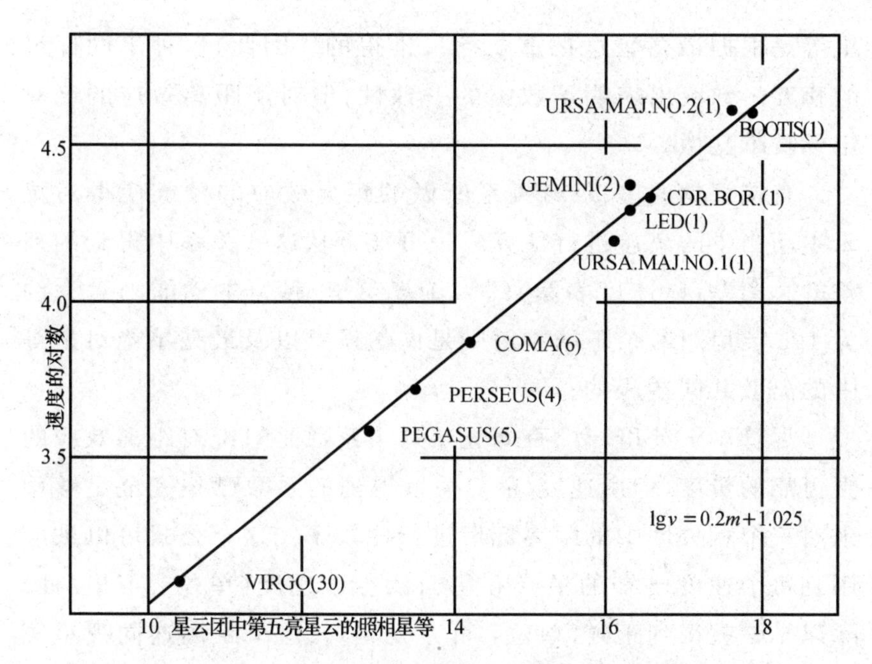

图 14 星云团的速度-距离关系

速度(单位：千米/秒，并对太阳运动做了改正)的对数参照星云团中第五亮星云的视星等(已对银河系遮光做了改正)被标绘出来。每个星云团速度是在星云团中观测到的不同的单个星云速度的平均值，括号中的数字表示的是星云数。

个整体的已分解星云的平均速度与平均距离，给出了一个该关系必定要通过的点。这个点决定了该关系的斜率(速度随距离增加的比率)。29 个已分解场星云的数据目前可资利用，由这些数据得出了以下值，

$$v/d = 101 \text{ 英里/秒/百万光年}$$
$$= 530 \text{ 千米/秒/百万秒差距}$$

该值将前一段提到的 1.7%的改正值计入在内。当这个改正值被忽略不计，速度-星等关系中的常数就能基于这一假设——本动可以忽略不计——被计算出来。常数＝－1.204，这个值与此前采用的改正值－1.197 非常相近。

相似的速度-距离关系校准可以通过场星云以及星云团来完成。这些结果与根据已分解星云得出的结果相当，但它们并不是相互独立的，因为距离，或者更确切地说，距离标尺的绝对

星等是根据最亮星这把重要标尺推得的。因此，多种不同标尺的相互一致突出表明了数据的一致性，但对于距离效应的绝对定标贡献甚微。

直接根据速度-距离关系所做的距离效应的校准使得对星云本动当中的离差进行估算成为可能。从这一关系中得到的残差的总离差（以速度表示）约为 155 英里/秒。本动的因素大约为 125 英里/秒，余下的差值则是偶然误差以及最亮星绝对星等中的离散共同造成的。

尽管 101 英里/秒/百万光年这个系数是对绝对距离效应的更可靠的量度，但由速度-星等关系得到的系数已经完全足够用来对三个相关性中的距离标尺进行比较了。这个公式可以被应用到每个速度已知的星云和星云团上。速度（单位：英里/秒）除以 105 就得到距离（单位：百万光年）。这个距离连同视星等一起决定了绝对星等。对由此收集到的绝对星等名录所做的分析将确定光度函数，包括频数分布的形式、平均星等以及离差。

不过，这个信息可以以一种简单得多的方式，直接从三个相关性公式中的常数与残差推得。不同距离标尺的平均绝对星等中的差值显然是出现在相关性公式里的常数差值的五倍。[1] 因此，场星云比最亮星要亮达 $5\times(1.197+0.553)=8.75$ 星等。星云团中第五亮的星云与最亮星相差 $5\times(1.197+0.818)=10.05$ 星等。因此，三个标尺的绝对星等为

$M_s=-6.35$（最亮星）

$M_5=-16.4$（星云团中第五亮星云）

---

① 当 m_c 被从两个方程式中消去

$$\lg v=0.2\,m_c+\text{常数}$$

$$\lg d=0.2\,m_c-0.2M+1.513$$

那么

$$\lg v-\lg d=0.2M+(\text{常数}-1.513)$$

并且，根据以最亮星所做的校准

$$0.2M+(\text{常数}-1.513)=-3.98$$

因此，出现在三个相关性公式中的常数差值等于不同标尺中的 M 的差值的五分之一。

属团星云的光度

星云团中第五亮的星云比最亮星云平均暗弱 0.5 星等或更少。因此，后者的平均绝对星等大约为－16.9 等。某一星云团中最亮与平均或者说最常见星等之间的差值并未得到精确确定，但 2.5 星等这个近似值被使用已久。因此，属团星云的平均绝对星等[①]似乎约为－14.4 星等，而在此前根据星云团成员中的最亮星推得的值为－14.0。这两个近似值的平均值，也就是－14.2，与全体视场已分解星云中用最亮星作为距离标尺得到的值是一致的。

选择效应对统计距离标尺的影响

这些值所指的是在某一指定空间体积中全部星云的平均值，用符号 M_0 表示。另一个符号曾在相关性公式中被用来表示场星云的平均绝对星等，指的是某一指定视星等的全部星云的平均值。只有当所有星云的本征光度正好相等时，这两个量才是相同的。实际情况是，某些星云比平均值亮 10 倍，而另一些则暗弱 10 倍。某一特定视光度的星云列表包括了具有不同本征光度的星云，它们在距离上的分布范围非常之广。某些星云很暗很近，而另一些星云则很亮而很遥远(图 15)。

目前，星云在空间上的分布近似于均质的，而且这一陈述

---

① 这个一致可能比根据对比得到的一致更为清楚。用以推得最亮星云与第五亮星云之间差值的 10 个星云团中包括了两个例外情况。一个(英仙座星云团)包含有非常巨大的成员星云(NGC1275)，另一个(飞马座)是个非常稀疏的星云团，包含有两个亮得异乎寻常的成员星云。如果这些星云团被忽略不计，那么在最亮和第五亮星云之间的正常差值约为 0.3 星等，最亮星云约为－16.7 星等，而平均或者说最常见星等约为－14.2，与场星云的情况非常一致。

适用于任意特定本征光度以及各种光度的星云。这一均质分布以及在本征光度上的分布，导致了一个奇怪的结果。稍用点时间来考虑一下有着相同视光度的星云列表。本身就很暗弱的星云，由于它们距离较近，因此分布在一片相对较小的空间体积中，而本身就很明亮的天体，由于它们很遥远，因此分布于一片相对较大的空间体积中。因此，在具有某一指定视光度的星云中，本身就很明亮的星云在数量上远远超过那些暗弱的星云。显然地，将会比 M_0 更亮。只要距离的光度定标——离差在这里可以明显感知——被用在统计研究上时，这一状况就会出现。

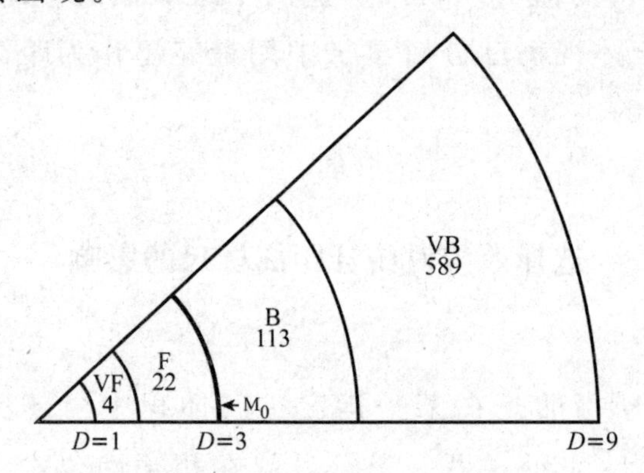

图 15 具有相同视光度的星云在空间上的分布

在看起来一样亮的星云当中包括了具有不同本征光度的天体，它们在距离上的分布范围甚广。因此，如果正常星云(M_0)所处的距离为 $D=3$，那么本身暗弱(F)以及非常暗弱(VF)的天体将位于更近的距离(近至 $D=1$)，而明亮(B)以及非常明亮(VB)的天体将分布在更远的距离(远至约 $D=9$)。四个等级(VF～VB)分布其中的相对空间体积由符号下方的数字表示。

由于星云的分布近似均质，因此在看上去一样亮的星云中，本身就很亮的星云将会比本身暗弱的星云多得多。因此，具有某一指定视星等的星云的平均绝对星等，将比某一指定空间体积中的星云的平均绝对星等 M_0 更亮。

这个问题的完整解可论述如下。[①] 如果空间分布是均质

① Malmquist, "On Some Relations in Stellar Statistics," *Arkiv for Mat.*, *Astr.*, *och Fysik*, 16, No. 23, 1921.

的，并且如果光度函数（在某一指定空间中的绝对星等的频数分布）是一条正态误差分布曲线，其最大值为 M_0，离差为 σ，那么对于某一指定视星等，绝对星等的频数分布将是一条正态误差分布曲线，具有相同的离差 σ，但有一个最大值，该值比 M_0 明亮达

$$M_0-\overline{M}=1.382\sigma^2$$

这个差值是前述提到的与最亮星当中的离差有关的选择效应。当星云基于视星等而被选中，被使用的方式必定如同在场星云的速度-距离关系以及连续极限星等巡测中一样。M_0 适用于根据其所包含的恒星而被选中的星云以及星云团。

场星云的光度

这个值是根据所有类型的场星云的相关性公式推得的，$M_0=-14.2$ 这个值是根据以最亮星为依据而被选中的已分解场星云推得的。后一个群体的离差为 $\sigma=0.84$。因此，对于在所有类型的场星云当中被实际观测到的星云，已分解场星云给出这个值

$$\begin{aligned}\overline{M}&=M_0-1.382\sigma^2\\&=-14.2-0.93\\&=-15.13\end{aligned}$$

后一组的离差可以直接根据速度-距离关系中的残差算得。当本动的影响被去掉后，M 中的离差约为 $\sigma=0.85$ 或稍小，与已分解星云的离差基本一致。属团星云当中的离差尚未得到精确确定，但它似乎与场星云的离差大体相同。因此，数值结果完全一致，而且在各个不同的类群里没有发现任何显著差异。

对场星云的速度-距离相关性公式中所使用数据的一项更

为详尽的分析，得出了适用于各种不同类型的下述值。

表 6　不同类型星云的绝对星等

类型	数目	平均绝对星等($\overline{M}$)
E0～E2	11	－15.3
E3～E7	12	15.2
S_a～SB_a	23	15.2
S_b～SB_b	27	15.1
S_c～SB_c	25	15.1
Irr	5	－14.4

除了五个不规则星云之外，这些值都很相似，而这些数字太有限而不能充分证实由这些数据所暗示出的早型和晚型星云之间细微的系统差异。不规则星云低得反常的光度似乎是真实存在的，因为它被本星系群中另外四个不规则星云的平均星等所证实。

125 个已分解星云和 103 个场星云这两组样本，有 29 个天体是共有的，但另一方面它们又是各自独立的。对两个列表和十个星云团的分析带来了这一结论，即所有星云都是相似的系统，无论它们是星云团成员还是在全体视场中孤立存在，也不管它们的类型如何。唯一的例外看来是，罕见的不规则星云可能平均约为其他星云的一半亮。如果其他类型的平均光度中存在系统差异的话，那么它们也是如此之小，以至于它们将只有在大量非常精确的数据中才会显现出来。

因此，星云世界或者至少是被观测到的那部分星云世界呈现的是一个巨大的空间区域，相似的系统在这片区域中均质分布。星云距离的尺度是已知的。本征光度已非常详尽地得到讨论，但为方便起见可以对结果概括一下。星云平均约为太阳的 8500 万倍那么亮。最亮的星云大约比平均值亮 10 倍，而最暗弱的则比平均值暗弱 10 倍，但大约一半星云的光度都在全部星云平均光度的 1.5～2 倍这个有限范围之内。与可以收集到的信息相关的其他一般物理量是绝对大小和质量。

星云的大小

线大小是根据在有关分类的讨论中所介绍的直径-光度关系(第 2 章)推得的。在分类序列的任意阶段,这个关系都是

$$m+5\lg D_{a}=\text{常数}$$

在这里,m 是某一星云的视星等,D_a 是以弧分表示的角直径。这个常数在整个序列中——从球状星云到疏散旋涡星云——连续增长,并且对于不同的标准阶段或类型,该值都已被计算出来。因此,当任意一个类型的固有直径或线直径已知时,其他类型的值也就可以轻而易举地计算出来了。

从视光度到本征光度以及星云视大小到固有大小的归算是通过这些关系实现的

$$\lg d(\text{光年})=0.2(m-\overline{M})+1.513$$

由此得到

$$m=5\lg d-22.665$$

以及

$$D_{a}=3438\times\frac{\text{线直径}}{\text{距离}}$$

其中最后这个式子只是一个定义。当把这些表达式代入直径-光度关系后,线直径(单位:光年)也就是 D_l 得到为

$$\lg D_{l}=0.2\times\text{常数}+0.997$$

D_l 的数值立刻就可以根据此前确定的不同类型星云的常数值得出来了(第 2 章)。

可能要强调的是,星云图像的角直径是相当随意的量。它们随曝光条件和测量方法而发生很大变动,而常数值也随之发生相应的变化。任意一组同质的数据都可以给出相当可靠的沿序列分布的常数相对值,但尺度的零点则取决于详细的说明(曝

光和测量方法）。通过这些研究，各种不同类型星云主体部分的近似[①]线直径在表 7 中列出。它们与此前就某一组特定数据给出的常数相对应。

表 7 星云的直径

类型	直径	类型	直径
E0	1900 光年	(S0)	5300 光年
E3	2800	S_a	6000
E7	4800	S_b	7600
SB_a	5500	S_c	9500
SB_b	6300	Irr	6300
SB_c	8700		

星云质量

可靠质量的确定在星云研究中是一个突出的问题。两种方法已得到使用，从而导致了大相径庭的结果。不过，当放到一起来考虑时，它们也就显示出一个质量上的大体量级，在某个更为令人满意的问题解决方案悬而未决之前，它可以暂时得到采用。

一种方法以光谱自转为依据。[②] 星云通常是透镜状系统，并围绕它们的短轴快速自转。在少数情况下，星云几乎是侧对着我们，在这种情况下的视向速度已经在沿长轴的多个不同的点上得到测量，而自转的性质已得到确定。核心区，直至相当大的距离范围内，看来都保持着它们的形状，并且像固体一样转动。但距离中心较远的区域落在后面，而且滞后程度随与星云核的距离而增加。基于简单动力学原理对此行为做出的阐释并不非

① 线直径并不是严格意义上的精确，因为离差的影响已被忽略不计。数值对应于角直径对数的平均值，而不是直径平均值的对数。这两个项并不必然相同，差值是 D 中的离差的一个函数。在有一批确切的数据可供研究之前，不同类型星云的离差的计算以及必要的改正都要被推迟进行。

与某一给定视星等相对应的距离中的离差也被涉及，不过这个量是已知的，而它的影响可以得到确定。

② 最早得到使用可见 Oepik, "An Estimate of the Distance of the Andromeda Nebula," *Astrophysical Journal*, 55, 406, 1922.

常清楚。它暗示着在整个巨大的核心区域密度是一致的，这与已被观测到的光度梯度形成了强烈的对比。

除却动力学图景中的不确定性，某一星云赤道面上某个点的轨道运动可以由轨道内部的物质质量而得到确定。这个质量可以得到计算，其方法与根据地球（或是其他行星）的轨道运动得出太阳质量的方法几乎相同。星云超出被研究的轨道范围之外的外部质量只能进行估算。如果以已知速度转动的最遥远的点被用于计算，那么外部质量相比于内部质量来说将是一个相对较小的值，估算中的误差应当会更小。

四个星云加上银河系的光谱质量在表 8 中列出。它们的质量范围约在太阳质量的 10 亿至 2000 亿倍，平均约为太阳质量的 500 亿倍。不过，这些星云比平均水平大得多，也亮得多，它们的质量无疑也大得反常。

适当的改正是具有推测性的，但粗略来说，我们可以假设质量正好随光度发生变化。在这种情况下，中等星云的质量就会是太阳质量的大约 20 亿倍。

表 8 星云的光谱质量

星云	类型	质量（太阳的倍数）	光度（太阳的倍数）	M^*/L
M33	S_c	10^9	1.45×10^8	7
M31	S_b	3×10^{10}	1.7×10^9	18
NGC4594	S_a	3.5×10^{10}	1.5×10^9	23
NGC3115	E7	9×10^9	1.6×10^8	56
银河系	(S_c?)	$2\times10^{11}\pm$		
平均值		5×10^{10}		26

* M 代表的是质量，而不是绝对星等。M/L 这一比率随星云类型的变化是具有启发性的，但数据太少而无法将之确立为一个普遍特征。NGC3115 的结果是根据赫马森尚未发表的对自转的测量推得的。

第二种估计星云质量的方法是最近由辛克莱·史密斯所使

用的。[1] 对室女座星云团 32 个成员的视向速度的分析显示了一个约为 1500 千米/秒的星云团逃逸速度。这个量反映出了引力场,并因此反映出了星团的总质量。这个总质量除以成员数就得到了每个星云的平均质量。后者约为太阳质量的 2×10^{11} 倍,也就是光谱自转显示出的质量级的约 100 倍。星云团中的星云际物质被忽略不计。这种物质可能存在,但观测并未给出任何理由让我们可以假设,这些物质相比于聚集在星云中的物质来说为数众多。

这个矛盾之处看来真实存在,而且很重要。由星云团提出的这个动力学问题看来比星云自转的问题简单,在这一程度上来说,星云团质量可能有更大的说服力。在某种意义上来说,星云团质量是上限,而自转质量,由于与最外围区域中的物质相关的假设,该质量也许可以被看作是下限。不过,在这个矛盾之处被大大缩小之前,结果必定被认为是不令人满意的。

有关质量的讨论给星云的初步调查画上了句号。这些研究深受误差之扰,而且数值结果也主要是估计值,当更为精巧的方法和更大的望远镜被应用到这些问题上之后,这些数值结果将会得到修正。不过,有价值的信息已被收集起来,这些信息关乎星云距离的尺度、星云的普遍特征,比如它们的光度、大小和质量,它们的结构与恒星组成,它们在空间中的大尺度分布以及不寻常的速度-距离关系。这些数据足以勾勒出星云世界的广泛特征。这一轮廓也许尚不是某种最终确定的形式,但它们非常清楚,足以使得在对个别问题与整个研究计划之关系有所认识的情况下对这些个别问题的研究成为可能。

---

① *The Mass of the Virgo Cluster*, "Mt. Wilson Contr.," No. 532; *Astrophysical Journal*, 83, 23, 1936.

第八章

星云世界

· Chapter Ⅷ The Realm of the Nebulae ·

随着距离越来越远，我们的知识也在逐渐消失，而且消失得很迅速。最终，我们抵达了暗淡的边疆——我们望远镜的最远极限。我们在那里测量影子，并且在一片鬼魅般的测量误差中寻找着几乎是最重要的界标。这样的搜寻工作将会继续。直至经验方法被穷尽之时，我们才需要将之拱手让给梦幻般的猜想王国。

前面几章已经描述了星云及其分布的表面特征、研究其内在特征的方法的进展以及新方法导致的结果的性质。现在，将星云世界作为一个单位来加以考虑，并将可观测天区作为宇宙的一个样本来加以讨论都是有可能的。

探索是从一个孤立恒星系统——某一星云内部开始的。这些探索穿过成群结队的恒星而进入一个稀疏分布着其他星云的巨大空间区域。这些星云全都不可思议地相似，它们是某一单一家族的成员。由于它们的本征光度是已知的，因此它们的距离可以得到确定，而它们的分布也可以绘制成图。它们被单个发现，处于群体之中，有时则在大型星团中，但当非常大的天区被加以比较时，它们成团的趋势就会最终达到平衡，一个天区与另一个天区极其相像。

初步探索表明，整个可观测天区是近似于均质的。很显然，下一步就是以细致的巡天来跟进这项探索工作，并根据所有可资利用的与星云本身有关的数据来对结果做出解释。随着信息的累积，结果可以得到再解释，而巡天则以更高的精度重复进行。因此，通过逐次近似地推进，就有可能对我们所能观测到的宇宙的样本获得几近全面的知识。只有那时，推论方法才有可能被推到望远镜所及范围之外，并得到比单纯的推测更为重要的结论。

连续极限巡天

在有关星云分布的表面特征的讨论（第 3 章）中提到的巡天就代表了这种缓慢进展中的一步。利用大反射望远镜进行的五

◀晚年的哈勃

次巡天已经完成，巡天的极限星等分别为 18.5、19.0、19.4、20.0 以及 21.0。对巡天结果的非正式检视表明，星云的空间分布大致是均匀的。不过，详尽的分析显示了某种明显可见的渐趋稀疏。对均质分布的偏离尽管很小，但它随着巡天延伸的距离增加而系统增加。

目前，红移已知被计入这些效应中。由于红移减弱了视光度，因此视距离随之增加；因此，越暗弱的星云看上去分布的空间体积与实际情况相比就越大。根据计算中所用的对红移的特定解释，与明显可见的均质状态偏离的预期数值稍有出入。但是，根据所有的解释，它们都与偏离的观测值处于大致相同的量级。因此，在巡天中的光度根据红移做了改正之后，星云分布再次呈现出均质状态，而且目前达到一个非常接近的近似值。作为最终的一步，这一论证被反过来进行。星云分布被假定是绝对均匀的分布，而观测到的偏离状态则被用来检验有关红移的各种不同解释。

来自巡天的基本数据是等于或亮于不同的视星等 m 的星云在每单位面积分布的平均数。这些数目用 $\overline{N}_m$ 来表示，这里，单位面积为一平方度（约为满月面积的五倍）。星云分布是通过 $\overline{N}_m$ 随 m 增加的方式来得到显示的。

五次巡天的其中一次，也就是极限星等 $m=19.0$ 这一次，是由梅奥尔利用利克天文台的 36 英寸反射望远镜进行的。[①] 其他几次巡天是用威尔逊山的 60 英寸和 100 英寸反射望远镜进行的。[②] 这些数据是分布在整个的北极冠以及半个或更大南极冠的大约 900 个视场中的星云计数。银河带由于局部遮光带来的不确定性而被未被计入。

---

① "A Study of the Distribution of Extra-Galactic Nebulae Based on Plates Taken with the Crossley Reflector," *Lick Observatory Bulletin*, No. 458, 1934.

② 极限星等 $m=19.4$ 和 $m=20.0$ 的巡天可见 Hubble, *The Distribution of Extra-Galactic Nebulae*, "Mt. Wilson Contr.," No. 485; *Astrophysical Journal*, 79, 8, 1934. 极限星等 $m=18.5$ 和 $m=21$ 的巡天尚未发表，但将发表在即将出版的"Mt. Wilson Contr."。

实际得到证认的星云数目通过根据精确度的变化、大气消光以及银河系遮光等做出的改正而被归算为标准条件。经过改正的计数是10万余个星云，这一计数被转换为每平方度的数目，以便于对由不同望远镜所获取的结果平均值进行比较。对误差的可能来源的研究表明，经过改正的计数在完整性上可能是令人满意的，但是非常暗弱的极限星等必然会受到某些不确定因素的影响。

这些巡天分别显示了与在第3章中所记述的相同的全天分布的普遍特征。两个极冠的平均结果很相似；全天表面并无系统变化；单个样本当中的离散随样本的平均大小增加而减弱。在全天的大尺度分布，正如每次巡天所得到的结果一样，近似于均匀分布。

星云在深度上的分布

每次巡天都给出了由巡天的极限星等划定的半径的某个天区内的星云数。在深度上的视分布可以通过对逐次扩大的天区中的星云数目进行比较来推得。很清楚的是，这个问题与作为 m 的一个函数的 $\overline{N}_m$ 之确定有关。

如果星云分布是均匀的，那么星云的数目就会与它们所散布其间的空间体积成比例。那么，这些数据就可以通过这个线性关系[①]表示

$$\lg\overline{N}_m=0.6m+\text{常数}$$

这条直线以及实际观测关系在图16中以图形方式得到呈

---

① 推至某一指定极限的空间体积(以及星云数目)与距离的立方成比例。对于极限星等 m，距离 d 为

$$\lg d=0.2m+\text{常数}$$

因此 $$\lg V=0.6m+\text{常数}$$

并且 $$\lg N=\lg V+\text{常数}$$

现。这两个关系显然并不是平行的。星云数目的增长不如相应的空间体积增长得那么迅速;换言之,随着距离增加,星云显得越来越稀疏。在最浅的巡天中已明显可见对均匀分布状态的偏离(这一关系的观测斜率小于理论斜率),并且它们随极限星等而稳定增加。

上述偏离的根源显然在于 N 或是 m,因为在巡天中并没有观测到其他的量。如果只是 N 被牵涉其中的话,那么观测关系就相当于真实的分布。那样,银河系就会被作为位于一个巨大且大致呈球形的星云系统的中心附近来加以考虑,这个星云系统向各个方向逐渐变得稀疏。另一方面,如果 m 被牵涉其中,那么星云的视光度就会随距离而减弱,减弱的速度要比用熟悉的平方反比定律所能得到解释的更快。这样,在真正的分布可以得到检视之前,找到减弱的原因并消除这一效应就会是必要的。因此,偏离可以被表达为星等的增量 Δm,观测关系由这一公式表示

$$\lg\overline{N}_m = 0.6(m - \Delta m) + \text{常数}$$

现在的问题是检视所有可能减小视光度的已知效应,并且评估由这些原因引起的可能的偏离 Δm。如果已知的效应并未完全对偏离的观测值做出解释,那么残差必定要么归因于与均质状态的真实偏离,要么就是由于未知的减弱源。这个研究证实是简单得出乎意料。红移减小了视光度,而且这一效应随距离而增加。这个现象将在稍后得到相当详尽的讨论,但出于便利这里先提一下其中的一个结论。在数据的误差范围之内,红移完全可以解释观测到的偏离。

可能减小视光度的其他原因可以被忽略,因为如果它们造成了可以察觉到的影响,那么它们会对观测偏离造成改正过度。那样一来,星云分布的密度就会在各个方向上放射状地增加——这个概念的人为因素是如此浓重,以至于它只是被作为用以挽救现象的最后一根救命稻草时才会被认真考虑。

增大视光度(以及抵消空间吸收或是其他减弱源)的唯一已

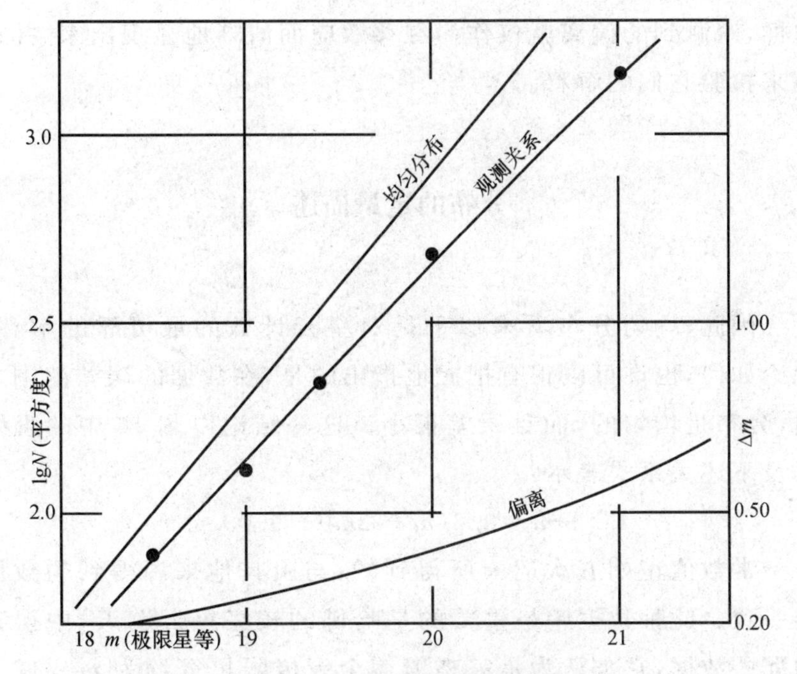

图 16　星云在深度上的视分布

观测关系上的每个点代表的是等于或比某一特定视星等更亮的星云在每平方度的平均数(实际上是 lg$N$),这一特定视星等是由某一次完整巡天所确定的。穿过这些点的直线(观测关系)是以"lg$N$=0.6(m-Δm)+常数"这一形式表示的一个最小二乘解,该式是从 Δm 是距离的一个线性函数这一假定推得的。

在银河系的邻近区域,Δm 应当可以忽略不计,而观测关系应当与直线所显示出的均匀分布相符。随着巡天被延伸到更大的距离(更暗弱的极限星等),Δm 增加,而观测关系与代表均匀分布的直线发生偏离。偏离值 Δm(在两条直线之间水平位移)相对于 m(巡天的极限星等)被标绘在最下面的曲线中。这个偏离被解释为红移效应。

知机制是这一可能性:(可能是由蓝巨星引起的)星云光谱紫外区反常的高强度可以通过巨大的红移而被移入照相区域。这一可能性已经以各种不同方式——比如通过检视明亮的邻近星云的紫外光谱以及非常遥远的星云团中的旋涡星云的颜色——得到研究,而且蓝巨星的影响看来并不重要。

有了迄今所获得的信息,对观测到的偏离改正不足看来似乎并无可能。因此,为了绕开密度呈球形对称且逐渐增大这一不被接受的概念,必定要假定均匀分布并对空间吸收忽略不计。

这样，观测到的偏离就仅作为红移效应而清晰地显现出来，并被用来检验它们的解释。

分布的定量描述

因此，均匀分布看来似乎是对星云计数的最可靠的解释。无论如何，也许可以很有把握地指出的是，在数据的误差范围之内，分布是均匀的，而且误差很小。这一结论以图 16 中的直线以及下述关系式表示：

$$\lg m = 0.6(m - \Delta m) - 9.09$$

常数值正如五次巡天所得到的，与由其他来源得到的数据相一致。此种数据中最重要的是哈佛的较亮星云巡天[①]中得到的那些数据，它被认为是完整覆盖全天极限星等约为 $m = 12.9$ 的数据。由于红移效应 Δm 在这一极限上可以忽略不计时，这些数据可以被直接用来确定该常数。当大室女座星云团被排除在外而银河带被忽略不计时，这些数据所给出的值为 -9.10，它与前面给出的值大致在相同的量级。在经过各种改正，从而将这些数据归算到更深远的巡天尺度上之后，这种一致性在精确度上稍逊，但考虑到涉及的星云数目有限以及各种误差，它仍然是令人满意的。

这个常数的数值反映了比任意指定视星等亮的星云数。借助某一指定视星等的星云的平均绝对星等（在第 7 章中推得的），实际的空间分布——每单位空间体积的星云数——可以很

---

① Shapley and Ames, "A Survey of the External Galaxies Brighter than the Thirteenth Magnitude," *Harvard College Observatory Annals*, 88, No. 2, 1932.

容易地推得。每 5×10^{18} 立方光年平均约有一个星云。① 某一星云及其最邻近星云之间的平均距离大体约为 200 万光年。银河系的近邻相互之间较小的间距突显了本星系群的相对孤立状态。

由于孤立星云当中的一般类型可能是 S_b 型左右，因此，它们的平均直径约为 1 万光年，而其分布也许大致相当于以直径 200 倍的平均间距随机分布的星云。相互分开 50 英尺的网球暗示了这一相对比例。

星云的平均质量尚不确定，但前面提到的两个值——根据光谱自转得到的太阳质量的 2×10^{9} 倍和根据室女座星云团中的视向速度得到的太阳质量的 2×10^{11} 倍——可以被暂时用来作为最小估计值和最大估计值。将这些值代入空间分布的表达式中，得到星云状物质在空间的平滑密度（单位：克/立方厘米）为

$$\rho=10^{-30}\text{（最小量）}$$

或

$$\rho=10^{-28}\text{（最大量）}$$

星云际空间

这些值将利用目前方法所能实际观测到的所有物质均计算

---

① 星云的分布密度即每单位空间体积的星云数为

$$\lg Q=\lg N-\lg V$$

将每平方度天区的星云数代入

$$\lg N=0.6(m-\Delta m)-9.09+4.62$$

天区体积（单位：立方秒差距）为

$$\lg V=\lg\frac{4}{3}\pi+0.6(m-\Delta m)-0.6\overline{M}+4.539$$

因此

$$\lg Q=0.6\overline{M}-9.62$$

由于

$$\overline{M}=-15.1$$

$$Q=2\times10^{-19}\text{（星云/立方光年）}$$

$$=7\times10^{-18}\text{（星云/立方秒差距）}$$

在内了。星云际空间的物质问题完全是猜测性的。与这个问题有关的唯一可观测证据是在远推至最深空巡天的极限时,任何可觉察的遮光效应都完全不见了。空间吸收——假如存在的话——在大约1亿秒差距(3.26亿光年)的光路上可能还不到0.1星等(约为10%)。

由弥漫物质造成的遮光效应随物质的形态而变化极大。根据普林斯顿的罗素(H. N. Russell)的观点,三种普遍形态可以被区分为气体(分子、原子以及电子)、尘(直径与光的波长相当的微粒)以及大块物质(直径大于光的波长)。

对于某一指定的物质质量,尘在遮挡遥远光源上非常有效,气体次有效,而大块物质基本无效。如果星云际尘的质量在星云中所聚集的物质质量中只占很小百分比的话,那么它的存在就会轻而易举地被发现。因此,以最理想形态存在的尘对于空间物质的平滑密度并不会有实质的作用。气体可能会大量存在。自由电子只有在密度是星云状物质的100倍时才会被发现。以其他的形态,就会要求更大的量。大块物质,比如暗星和流星,可能大量存在于空间。数千倍于星云总质量的大质量物体不会带来任何可以察觉得到的遮光效应。因此,空间中的物质密度不可能仅以光度测定方法完全得到确定。

不过,根据对银河系本身的检视,不管物质形态如何,为星云际空间的平均密度设置一个相当明确的上限是有可能的。包括银河系在内的任意星云中的恒星与星际物质的总密度,显然比外层空间中的密度大。此外,从某一星云的云核向外存在一个密度梯度,星云物质从云核向尚不明确的边缘逐渐变得稀疏。

在银河系内,太阳完全位于中央核之外,处于一个被称作"近域恒星系统"的浓密得异乎寻常的区域内。由于近域密度很高,而整个系统在朝向边缘地带的很长距离内持续变得越来越稀薄,因此在近域密度百分之一的极低密度处勾勒出该系统轮廓是可能的。目前的近域密度值主要是根据动力学上的考虑而推得的,大约为10^{-23},因此,10^{-25}这个值应当是恰当表现了边缘的密度。这个值是星云际空间可能的密度的极端上限。

可观测区域

因此，可观测区域是均质且各向同性的——到处以及各个方向上都几乎是相同的——而且空间中的物质的平滑密度大于 10^{-30} 而小于 10^{-25}。对于认为密度可能大于 10^{-28} 的推测，并没有任何可观测证据。

可观测区域的大小主要是界定问题。在最深度巡天的极限 $m=21$ 范围之内，应当有大约 6000 万个星云，但这个总数中相当大的一部分因银河系遮光而损失掉了。处于极限星等的星云呈现出的平均距离大体约为 4 亿光年。这些星云中一些必定是比平均距离近得多的矮星云，而其他的则是位于更远距离的巨星云。由于矮星云和巨星云不可能相互做出区分，因此在那些遥远区域，距离仅可以在一种统计学意义上加以使用。

刚刚给出的数字指的是某一次系统巡天，并不代表望远镜放大倍率的极端极限。通过在良好条件下的长时间曝光，100 英寸反射望远镜记录了可以与恒星区分开来的暗弱至 21.5 等的星云。在遮光效应最小的银极方向，可证认的星云平均约为每平方度 2400 个，并且远远比恒星要多。这个极限星等相当于一个大约 5 亿光年的平均距离，而在这一半径的天区里可以预期约有 1 亿星云。更为暗弱而不可能与恒星区分开来的星云的图像被记录在照相图版上，在这些星云之中无疑有非常明亮的巨星云。不过，处于上述提及的平均距离二倍之远的任何天体都不可能被记录下来。

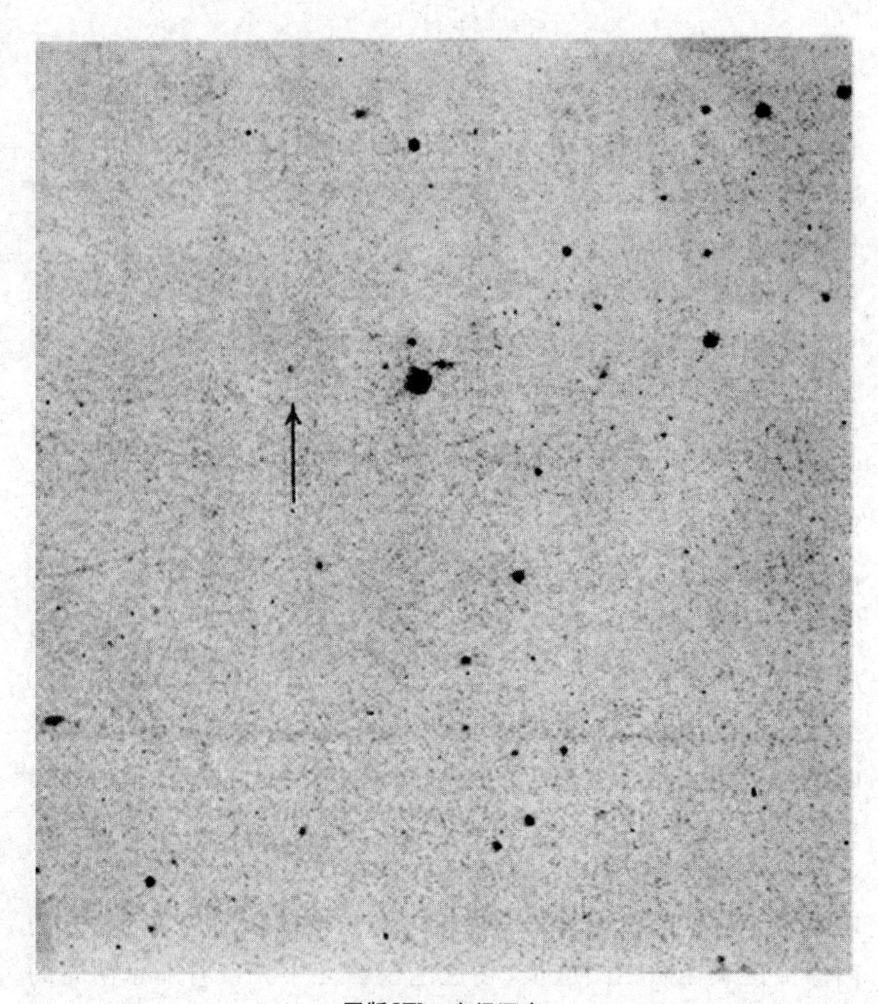

图版 XIV　空间深度

图版 XIV 说明

这张插图是一张用 100 英寸反射望远镜拍摄的包括北银极在内的天区照片的放大版。曝光时间为 200 分钟，拍摄在由伊斯曼·柯达公司的米斯(C. K. Mees)博士制备的一种特殊感光乳剂上。这种感光乳剂(商标为 I′O)拥有已在 100 英寸反射望远镜中使用的全部感光乳剂中最高上限的感光度，因此，这张照片呈现出了用目前所能利用的望远镜已被记录的最暗弱天体。

箭头指向一个可以被辨识为星云的最暗弱天体的完美样本。这样的星云(视星等估计约为 21.5 等)所处的平均距离大约为 5 亿光年。

这个图版完整记录下了与恒星一样多的可辨识星云，这一等同状态正是望远镜穿透能力的精彩体现。这张摄于 1934 年 3 月 8 日的图版中心大约位于恒星 BD＋28°.2145 偏北 6′。底片制版是反过来的，因此顶部为东，左侧为北；1mm＝2″.35。

红移对视光度的影响

刚刚得到描述的可观测区域的这些特征是直接根据星云分布近似均匀这一结论得出来的。分析中决定性的一步是大胆假设星云的分布正好是均匀的,且明显可见的对均匀状态的偏离仅只反映了红移和观测误差的共同影响。红移效应的计算是基于两个假设之一,(a)它们代表的是运动(是速度漂移)以及(b)它们并不代表运动。由于数值结果并不相同,被观测到的偏离可以被用来确认正确的解释。两组计算得到的效应之间的差值是小量,并且可能会混在很小的观测误差当中而不被觉察。不过,这个尚存分歧的问题的重要性证明了对这一暗淡下限区域做出某种研究是有必要的,尽管最终结论必定要措辞稳妥而有所保留。

来自某一星云的辐射可以被描述为向各个方向发射出的光——能量的量子包。视光度是根据量子抵达观察者的比率以及量子中的能量来进行量度的。如果能量或者抵达速度的其中之一下降,视光度就会减小。红移减小了量子中的能量,无论星云是静止的还是处于退行中。因此,某种"能量效应"是可以预期的,而不管对红移的解释如何。如果星云正在离开观测者退行,那么抵达率(也就是每秒钟到达观测者的量子数)就会下降,而非其他可能。这一被称为"数量效应"的现象从理论上来说将会给出将红移解释为速度漂移的一个关键性检验。

数量效应

数量效应的作用可以被描述如下。考虑两个位于相同距离的相似的星云，一个相对于观测者静止不动，另一个以速度 v 处于退行中。两个星云都向观测者的方向每秒辐射出相同数目的量子。在一秒钟结束之际，来自静止星云的量子所散播的路径距离为 c，这里 c 是光速；来自退行星云的量子所散播的路径距离为 $c+v$，比另一个路径长 $(1+v/c)$ 倍。来自退行星云的量子流密度显然小于来自静止星云的量子流密度。因此，观测者每秒接收到的量子更少，而且退行星云比静止星云看起来更为暗弱。视光度减小的系数就是前面给出的 $(1+v/c)$，从我们看来，它等价于 $(1+\mathrm{d}\lambda/\lambda)$。

这个数量效应是非选择性的——对所有的波长都是相同的，而且对任意系统的星等——例如热星等或是照相星等——都加上了相同的星等增量 Δm。这个增量为

$$\Delta m(N.E.)=2.5\lg(1+\mathrm{d}\lambda/\lambda)$$

在这里，$N.E.$ 表示数量效应。

能量效应

能量效应无论星云是否退行都在起作用，它是根据这个重要的关系推出来的：

$$\text{能量}\times\text{波长}=\text{常数}$$

它对所有量子都有效。由于红移使波长增加，因此如果结果要保持不变，红移必定使能量减少。减少的倍数与数量效应的因数 $(1+\mathrm{d}\lambda/\lambda)$ 相同，但能量效应是选择性的。

如果在地球大气之外，所有波长上的总辐射都可以得到测量的话，那么被称为热光度的视光度就会以因数 $(1+\mathrm{d}\lambda/\lambda)$ 减小。因此，热星等的增量就是

$$\Delta m_{\mathrm{b}}(E.E.)=2.5\lg(1+\mathrm{d}\lambda/\lambda)$$

在这里，$E.E.$ 表示能量效应。

由于这个效应是选择性的，因此在照相星等上的增量可以

被计算出来之前，这一效应必定可以通过大气(选择性吸收)、望远镜(选择性反射)直到照相图版(选择性感光)得到记录。这个过程很复杂，将不会详尽描述。相反，这里将假定计算已被做出，K 代表的是以星等表示的总的选择效应。那么照相增量就是

$$\Delta m_{pg}(E.E.)=2.5\lg(1+d\lambda/\lambda)+K$$

在这里

$$K=\Delta m_{pg}-\Delta m_{b}$$

并且 K 随红移而变化。

对 K 的计算在某种程度上取决于初始非频移辐射(initial unshifted radiation)的性质，它不可能被直接观测到。这些性质必定是推测性的，而且在红移效应计算值中的主要误差就是由这种必要性引起的。似乎合理的假定是星云像有效温度约为 6000 度、比太阳温度稍高的恒星一样辐射，这一假定导致了可能在正确量级的 K 值。这些值比仅只代表数量效应的增量大得多。因此，尽管误差只占 K 值的相对较小的部分，但相比于作为研究目标的数量效应来说可能大得多。

这一旷日持久的讨论的重点可以简明扼要被加以陈述。根据红移是否表示运动，红移对照相星等的影响是

$$\Delta m\ (\text{cal.})=5\lg(1+d\lambda/\lambda)+K$$

或

$$2.5\lg(1+d\lambda/\lambda)+K$$

对于 6000 度的有效星云温度来说，Δm 的计算值与红移

$d\lambda/\lambda$ 非常成比例，并且可以用这一关系式[①]表示

$$\Delta m\ (\text{cal.}) = 4d\lambda/\lambda（运动）$$

$$= 3d\lambda/\lambda（未运动）$$

红移效应与观测到的对均质状态的偏离

这些简单的关系现在可以与在巡天中观测到的与均质状态的可见偏离进行比较了。这种偏离随距离而增加，这种关系近似于线性关系。假定这种关系在实际中就是线性关系，在这一假定基础上，视分布被表示为

$$\lg \overline{N}_m = 0.6(m - \Delta m) + 常数\ 1$$

在这里

$$\lg \Delta m = 0.2(m - \Delta m) + 常数\ 2$$

而且这些常数可以通过用最小二乘方的常规方法根据观测数据推得。所得的解在图 16 中以穿过观测点的平滑曲线得到显示。这些观测通过曲线得到精确呈现，这种精确呈现支持了 Δm 是距离的一个线性函数这一假定的有效性。

现在，红移 $d\lambda/\lambda$ 也是距离的线性函数[②]（第 5 章）。因此，

---

① 哈勃和托尔曼都讨论过计算增量的各种不同方法，尽管并未给出数值结果。见 Hubble and Tolman，"Mt. Wilson Contr.，" No. 527；*Astrophysical Journal*，82，302，1935. 德西特运用一种方法对这里称为"能量效应"的增量给出了详细的计算（*Bulletin of the Astronomical Institutes of the Netherlands*，261，1934）。结果被表示为这一形式

$$\Delta m_{pg} = 2.9d\lambda/\lambda + (d\lambda/\lambda)^2$$

在整个巡天的范围内也就是 $d\lambda/\lambda < 0.25$ 时，这个结果与上面给出的非常相似。

数量效应 $2.5\lg(1 + d\lambda/\lambda)$ 的加入导致了级数

$$\Delta m_{pg} = 3.99d\lambda/\lambda + 0.48(d\lambda/\lambda)^2 + \cdots$$

它也近似于上面给出的被解释为速度漂移的红移的关系式。

② 这个函数被观测到为，当孤立星云 $m = 19.5$ 时，$d\lambda/\lambda = 0.14$，并且在这一极限上，该函数明显是线性的。超出这一极限之外，该函数必定是推测性的，但除非发生陡然的偏离（一种不太可能发生的偶然情况），否则线性假设应当会接近于红移的总体情况。

Δm 是 $d\lambda/\lambda$ 的一个线性函数。这一关系[1]正如根据观测推出的约为：

$$\Delta m(\text{obs.})=2.7d\lambda/\lambda$$

观测系数在这里比基于对红移的任一解释所计算出的关系式中的系数小，而更接近于未表现任何运动的系数。对误差可能来源的细致检视表明，如果红移不是速度漂移的话，则观测或许可以得到解释。如果红移是速度漂移的话，那么某些至关重要的因素在研究中肯定是被忽略了。

对这个问题的重新审视至少披露了一个被忽略的因素，也就是光从多次不同巡天的极限到达观测者所需时间的差值。当我们向空间深处望去时，我们也是在回望时间。巡天是在最近进行的，但是从星等为 21 等的星云发出的光在经过 20 等星云之前可能有 1.2 亿光年，在到达 18.5 等星云之前可能为 2.5 亿年。在这些漫长的时期，如果红移是速度漂移，那么星云就会退行到比根据视暗弱度估算出来的距离稍远的距离。因此，观测分布将需要进行改正以将其归算为某种“同步的”描述。

确定这些改正值的尝试提出了与距离的测量及其解释有关的问题，并且最终将研究推向了相对论宇宙学领域。

宇宙学理论

目前的宇宙学理论使用的是一种被称为广义相对论的均质、膨胀的宇宙模型，或者更简洁地被称为膨胀的宇宙。它是根据宇宙学方程式推得的，该方程式表达的是广义相对论原理——空间的几何形状由空间所包含的物质决定。该方程式超越了事实知识，只有借助与宇宙性质有关的假定才能得到解释

① 由于 $\lg(d\lambda/\lambda)$ 和 $\lg\Delta m$ 二者都由表达式“$0.2(m-\Delta m)+$常数”来表示（当然，常数在两种情况下是不同的），因此 Δm 与 $d\lambda/\lambda$ 成正比，而且因数是两个常数之间差值的逆对数。

并求解。

最早的解是由爱因斯坦和德西特做出的(1917 年),他们所使用的假定认为宇宙是均质且各向同性的,而且还是静止的,也就是说并不会随时间发生系统变化。这些解是这个一般性问题的特例,并且在那之后就已被抛弃了——爱因斯坦的解被抛弃是因为它未对红移做出解释;德西特的是因为它忽略了物质的存在。可以说,爱因斯坦宇宙包含了物质但没有运动,而德西特宇宙则包含了运动但没有物质。这个一般性问题最早被弗里德曼所讨论(1922)。随后,罗伯逊(Robertson,1929)仅仅根据对称性而推出了最广义的(线素)公式。[①]

这个解涉及作为未知量的“宇宙学常数”以及“空间曲率的半径”。通过给参数任意分配不同的值,多种不同的宇宙得到描述,在它们之中,与实际宇宙相对应的类型被认为也包括在内。对于观测者来说,问题是确定常数的实际值或至少缩小常数肯定处于其中的范围。

这个一般解是非静止的,而且空间曲率的半径随时间发生变化。因此,可能的宇宙正在收缩或正在膨胀。这个方程式并未指明哪个选择是可能预期的,但观测到的红移被普遍接受作为真实的宇宙目前正在膨胀的直接证据,而且这一解释也被纳入到该理论中。因此,这个模型后来就被称为广义相对论的均质、膨胀宇宙模型。

这个宇宙学问题引起了广泛兴趣,而讨论并未完全局限在广义相对论领域。尤其是米耳恩(Milne)已提出一个“运动学的”模型,它看来具有非常重要的特点。[②] 不过,对于我们目前的

---

① 有关这一重要的理论研究领域的更多信息,读者可参阅罗伯逊有关这一问题直至 1932 年末的进展的权威性评论;“Relativistic Cosmology,” *Reviews of Modern Physics*, 5, 1, 1933. 该评论包括一份有关更重要成果的完整参考书目并带有对其内容的简短叙述,而且还有一份有关此领域的推荐阅读的、非技术性讨论的目录。在该目录之中,有一个由罗伯逊本人从数学角度所做的异常清晰的陈述(“The Expanding Universe,” *Science*, 76, 221, 1932)。

② *Relativity, Gravitation and World Structure*, 1935.

目标来说，并不需要特殊的考虑因素，因为它已显示出与广义相对论模型的一个特例——也就是具有负曲率的双曲线模型——非常相符。

对于宇宙结构的任何一种理论来说，做出一幅(用米耳恩的话来说)“世界地图”是有可能的，它反映了在某一指定时期的星云的实际分布。某一观测者预期将会记录在其照片上(如果理论与真实宇宙相符)的视分布被称为“世界图景”，这个词也出自米耳恩。如果红移是速度漂移的话，那么世界图景必定与世界地图不同，因为当光奔向观察者之时，星云一直在退行。这些理论可以通过将观测分布与计算出的世界图景加以比较来得到检验。

支持广义相对论模型的世界图景的某些特征已经由托尔曼计算出来了。[①] 其中包括的公式所表达的是在一个指定时期在不同视星等极限范围之内所应观测到的星云相对数。根据这一关系，红移(被解释为速度漂移)对于星云计数的影响很容易地被推得。这样一来，世界图景中的红移效应看来似乎正好就是前面章节得到讨论的那些内容，(对前者)加上一个用 R 表示的项，也就是空间曲率的半径。

曲率在先前的讨论中被忽略了，而在红移被解释为速度漂移时发现的差异也许可以用这个被忽略的因素加以解释。这里要记住的是，只有基于红移不是速度漂移这一假设时才有可能解释星云的计数。如果红移是速度漂移，那么需要有被称为“数量效应”的其他改正，而且这些改正就是以这些差异的方式出现的。现在问题出现了：是否有满足要求的曲率可以被引入，以平衡数量效应，并因此去除掉明显的差异。

托尔曼的公式表明，一个正值的 R 会减小这个差异，而一

① *Relativity Thermodynamics and Cosmology* (1934)，第10章。在现时的星云巡测问题中的应用在下文中得到讨论：Hubble and Tolman, *Two Methods of Investigating the Nature of the Nebular Red-Shifts*, “Mt. Wilson Contr.,” No. 527; *Astrophysical Journal*, 82, 302, 1935.

个负值则会增加这个差异。因此，一个负曲率——意味着开放的宇宙——就被排除掉了，而可能的膨胀的宇宙被限定为那些具有正曲率的宇宙。如果红移是速度漂移，随之而来的就是，宇宙是封闭的，具有有限体积和有限容量。

去掉差异所需要的曲率很大，因此，曲率的半径 R 非常小。实际上，它与用现有望远镜所定义的可观测天区的半径相当。因此，为了挽救速度漂移，我们就会不得不推断说宇宙本身是如此之小，以至于我们目前正在观测的区域在整个宇宙占了很大比例。

某些更进一步的信息可以在这个事实中被找到：在一个封闭宇宙中，半径 R 与空间中物质（以及辐射）的密度有着明确的关系。挽救速度漂移所必需的空间尺度的半径呈现出一个明显高于 10^{-26} 克/立方厘米的平均密度。这个值甚至比聚集在星云中的物质的平滑密度的最大估计值还高出数倍，而我们没有找到任何证据显示存在有大量可能增加密度的星云际物质。足够数量的星云际物质也许是存在的——如果它是以不可能被探测到的形态存在，但是可以给此种形态的物质设置一个上限。如前所述，沿银河系边缘的密度可能不高于 10^{-25} 克/立方厘米，而周围空间的密度可能更低。辐射并不会改变密度的总体情况。

如果对密度的估计结果是完全可靠的，那么这个必需尺度的曲率半径就会被证据排除掉。但如此明确的解可能并无根据。至关重要的数据被不确定性所包围。通过将这些数据推向它们所能容许的极限——总是在一个方向上，我们就可以将速度漂移放入巡天的框架之内。这样一来，宇宙就会很小，这个宇宙中充塞的问题恰在我们的理解力所及范围之内。

另一方面，如果解释为速度漂移的观点被抛弃，我们就会在红移中发现一个至今尚未得到公认的原理,其含意未知。[①] 广义相对论的膨胀宇宙在理论上仍继续存在,但膨胀的速率并不会通过观测得到反映。

因此,空间探索终止于一个不确定的音符。而且必定如此。按照定义,我们正好居于可观测区域的中心。我们对我们的近邻了如指掌。随着距离越来越远,我们的知识也在逐渐消失,而且消失得很迅速。最终,我们抵达了暗淡的边疆——我们望远镜的最远极限。我们在那里测量影子,并且在一片鬼魅般的测量误差中寻找着几乎是最重要的界标。

这样的搜寻工作将会继续。直至经验方法被穷尽之时,我们才需要将之拱手让给梦幻般的猜想王国。

---

① 一种新的研究方法已经由茨维基(Zwicky)在一篇论文中提出,其主要目的"在于指明一个统计学理论如何可以被逐渐阐明,该理论使得以一种非常全面的方式讨论穿过星系际空间的光的红移的多种特点成为可能"。"Remarks on the Redshift from Nebulae," *Physical Review*, 48, 802, 1935.

科学元典丛书

1 天体运行论 [波兰] 哥白尼
2 关于托勒密和哥白尼两大世界体系的对话 [意] 伽利略
3 心血运动论 [英] 威廉·哈维
4 薛定谔讲演录 [奥地利] 薛定谔
5 自然哲学之数学原理 [英] 牛顿
6 牛顿光学 [英] 牛顿
7 惠更斯光论（附《惠更斯评传》） [荷兰] 惠更斯
8 怀疑的化学家 [英] 波义耳
9 化学哲学新体系 [英] 道尔顿
10 控制论 [美] 维纳
11 海陆的起源 [德] 魏格纳
12 物种起源（增订版） [英] 达尔文
13 热的解析理论 [法] 傅立叶
14 化学基础论 [法] 拉瓦锡
15 笛卡儿几何 [法] 笛卡儿
16 狭义与广义相对论浅说 [美] 爱因斯坦
17 人类在自然界的位置（全译本） [英] 赫胥黎
18 基因论 [美] 摩尔根
19 进化论与伦理学(全译本)(附《天演论》) [英] 赫胥黎
20 从存在到演化 [比利时] 普里戈金
21 地质学原理 [英] 莱伊尔
22 人类的由来及性选择 [英] 达尔文
23 希尔伯特几何基础 [德] 希尔伯特
24 人类和动物的表情 [英] 达尔文
25 条件反射：动物高级神经活动 [俄] 巴甫洛夫
26 电磁通论 [英] 麦克斯韦
27 居里夫人文选 [法] 玛丽·居里
28 计算机与人脑 [美] 冯·诺伊曼
29 人有人的用处——控制论与社会 [美] 维纳
30 李比希文选 [德] 李比希
31 世界的和谐 [德] 开普勒
32 遗传学经典文选 [奥地利] 孟德尔 等
33 德布罗意文选 [法] 德布罗意
34 行为主义 [美] 华生
35 人类与动物心理学讲义 [德] 冯特
36 心理学原理 [美] 詹姆斯
37 大脑两半球机能讲义 [俄] 巴甫洛夫
38 相对论的意义：爱因斯坦在普林斯顿大学的演讲 [美] 爱因斯坦
39 关于两门新科学的对谈 [意] 伽利略
40 玻尔讲演录 [丹麦] 玻尔

41 动物和植物在家养下的变异 ［英］达尔文
42 攀援植物的运动和习性 ［英］达尔文
43 食虫植物 ［英］达尔文
44 宇宙发展史概论 ［德］康德
45 兰科植物的受精 ［英］达尔文
46 星云世界 ［美］哈勃
47 费米讲演录 ［美］费米
48 宇宙体系 ［英］牛顿
49 对称 ［德］外尔
50 植物的运动本领 ［英］达尔文
51 博弈论与经济行为（60 周年纪念版） ［美］冯·诺伊曼 摩根斯坦
52 生命是什么（附《我的世界观》） ［奥地利］薛定谔
53 同种植物的不同花型 ［英］达尔文
54 生命的奇迹 ［德］海克尔
55 阿基米德经典著作集 ［古希腊］阿基米德
56 性心理学 ［英］霭理士
57 宇宙之谜 ［德］海克尔
58 植物界异花和自花受精的效果 ［英］达尔文
59 盖伦经典著作选 ［古罗马］盖伦
60 超穷数理论基础（茹尔丹 齐民友 注释） ［德］康托
化学键的本质 ［美］鲍林

科学元典丛书（彩图珍藏版）

自然哲学之数学原理（彩图珍藏版） ［英］牛顿
物种起源（彩图珍藏版）（附《进化论的十大猜想》） ［英］达尔文
狭义与广义相对论浅说（彩图珍藏版） ［美］爱因斯坦
关于两门新科学的对话（彩图珍藏版） ［意］伽利略

科学元典丛书（学生版）

1 天体运行论（学生版） ［波兰］哥白尼
2 关于两门新科学的对话（学生版） ［意］伽利略
3 笛卡儿几何（学生版） ［法］笛卡儿
4 自然哲学之数学原理（学生版） ［英］牛顿
5 化学基础论（学生版） ［法］拉瓦锡
6 物种起源（学生版） ［英］达尔文
7 基因论（学生版） ［美］摩尔根
8 居里夫人文选（学生版） ［法］玛丽·居里
9 狭义与广义相对论浅说（学生版） ［美］爱因斯坦
10 海陆的起源（学生版） ［德］魏格纳
11 生命是什么（学生版） ［奥地利］薛定谔
12 化学键的本质（学生版） ［美］鲍林
13 计算机与人脑（学生版） ［美］冯·诺伊曼
14 从存在到演化（学生版） ［比利时］普里戈金
15 九章算术（学生版） （汉）张苍 耿寿昌
16 几何原本（学生版） ［古希腊］欧几里得

全新改版·华美精装·大字彩图·书房必藏

科学元典丛书，销量超过100万册！

——你收藏的不仅仅是“纸”的艺术品，更是两千年人类文明史！

科学元典丛书（彩图珍藏版）除了沿袭丛书之前的优势和特色之外，还新增了三大亮点：

①增加了数百幅插图。

②增加了专家的“音频 + 视频 + 图文”导读。

③装帧设计全面升级，更典雅、更值得收藏。

名作名译·名家导读

《物种起源》由舒德干领衔翻译，他是中国科学院院士，国家自然科学奖一等奖获得者，西北大学早期生命研究所所长，西北大学博物馆馆长。2015 年，舒德干教授重走达尔文航路，以高级科学顾问身份前往加拉帕戈斯群岛考察，幸运地目睹了达尔文在《物种起源》中描述的部分生物和进化证据。本书也由他亲自“音频 + 视频 + 图文”导读。

《自然哲学之数学原理》译者王克迪，系北京大学博士，中共中央党校教授、现代科学技术与科技哲学教研室主任。在英伦访学期间，曾多次寻访牛顿生活、学习和工作过的圣迹，对牛顿的思想有深入的研究。本书亦由他亲自“音频 + 视频 + 图文”导读。

《狭义与广义相对论浅说》译者杨润殷先生是著名学者、翻译家。校译者胡刚复（1892—1966）是中国近代物理学奠基人之一，著名的物理学家、教育家。本书由中国科学院李醒民教授撰写导读，中国科学院自然科学史研究所方在庆研究员“音频 + 视频”导读。

《关于两门新科学的对话》译者北京大学物理学武际可教授，曾任中国力学学会副理事长、计算力学专业委员会副主任、《力学与实践》期刊主编、《固体力学学报》编委、吉林大学兼职教授。本书亦由他亲自导读。

《海陆的起源》由中国著名地理学家和地理教育家，南京师范大学教授李旭旦翻译，北京大学教授孙元林，华中师范大学教授张祖林，中国地质科学院彭立红、刘平宇等导读。

第二届中国出版政府奖（提名奖）
第三届中华优秀出版物奖（提名奖）
第五届国家图书馆文津图书奖第一名
中国大学出版社图书奖第九届优秀畅销书奖一等奖
2009年度全行业优秀畅销品种
2009年影响教师的100本图书
2009年度最值得一读的30本好书
2009年度引进版科技类优秀图书奖
第二届（2010年）百种优秀青春读物
第六届吴大猷科学普及著作奖佳作奖（中国台湾）
第二届“中国科普作家协会优秀科普作品奖”优秀奖
2012年全国优秀科普作品
2013年度教师喜爱的100本书

科学的旅程

（珍藏版）

雷·斯潘根贝格　戴安娜·莫泽 著
郭奕玲　陈蓉霞　沈慧君 译

物理学之美

（插图珍藏版）

杨建邺 著

500幅珍贵历史图片；震撼宇宙的思想之美

著名物理学家杨振宁作序推荐；
获北京市科协科普创作基金资助。

九堂简短有趣的通识课，带你倾听科学与诗的对话，
重访物理学史上那些美丽的瞬间，接近最真实的科学史。

第六届吴大猷科学普及著作奖
2012年全国优秀科普作品奖
第六届北京市优秀科普作品奖

美妙的数学

（插图珍藏版）

吴振奎 著

引导学生欣赏数学之美

揭示数学思维的底层逻辑

凸显数学文化与日常生活的关系

200余幅插图，数十个趣味小贴士和大师语录，全面展现
数、形、曲线、抽象、无穷等知识之美；
古老的数学，有说不完的故事，也有解不开的谜题。

博物文库

博物学经典丛书

1. 雷杜德手绘花卉图谱 〔比利时〕雷杜德 著 / 绘
2. 玛蒂尔达手绘木本植物 〔英〕玛蒂尔达 著 / 绘
3. 果色花香——圣伊莱尔手绘花果图志 〔法〕圣伊莱尔 著 / 绘
4. 休伊森手绘蝶类图谱 〔英〕威廉·休伊森 著 / 绘
5. 布洛赫手绘鱼类图谱 〔德〕马库斯·布洛赫 著
6. 自然界的艺术形态 〔德〕恩斯特·海克尔 著
7. 天堂飞鸟——古尔德手绘鸟类图谱 〔英〕约翰·古尔德 著 / 绘
8. 鳞甲有灵——西方经典手绘爬行动物 〔法〕杜梅里 〔奥地利〕费卿格 / 绘
9. 手绘喜马拉雅植物 〔英〕约瑟夫·胡克 著 〔英〕沃尔特·菲奇绘
10. 飞鸟记 〔瑞士〕欧仁·朗贝尔
11. 寻芳天堂鸟 〔法〕弗朗索瓦·勒瓦扬 〔英〕约翰·古尔德 〔英〕阿尔弗雷德·华莱士 著
12. 狼图绘：西方博物学家笔下的狼 〔法〕布丰 〔英〕约翰·奥杜邦 〔英〕约翰·古尔德 等
13. 缤纷彩鸽——德国手绘经典 〔德〕埃米尔·沙赫特察贝 著； 舍讷 绘

生态与文明系列

1. 世界上最老最老的生命 〔美〕蕾切尔·萨斯曼 著
2. 日益寂静的大自然 〔德〕马歇尔·罗比森 著
3. 大地的窗口 〔英〕珍·古道尔 著
4. 亚马逊河上的非凡之旅 〔美〕保罗·罗索利 著
5. 生命探究的伟大史诗 〔美〕罗布·邓恩 著
6. 食之养：果蔬的博物学 〔美〕乔·罗宾逊 著
7. 人类的表亲 〔法〕让·雅克-彼得 著 弗朗索瓦·戴思邦 著
8. 拯救土壤 〔美〕克莉斯汀·奥尔森 著
9. 十万年后的地球 〔美〕寇特·史塔格 著
10. 看不见的大自然：生命与健康的微生物根源 〔美〕大卫·蒙哥马利 著 安妮·比克莱 著
11. 种子与人类文明 〔英〕彼得·汤普森 著
12. 狼与人类文明 〔美〕巴里·H. 洛佩斯 著
13. 大杜鹃：大自然里的骗子 〔英〕尼克·戴维斯 著
14. 向大自然借智慧：仿生设计与更美好的未来 〔美〕阿米娜·汗 著
15. 在人与兽之间 〔美〕蒙特·雷埃尔 著
16. 感官的魔力 〔美〕大卫·阿布拉姆 著

自然博物馆系列

1. 蘑菇博物馆 〔英〕彼得·罗伯茨 著 〔英〕谢利·埃文斯 著
2. 贝壳博物馆 〔美〕M. G. 哈拉塞维奇 著 〔美〕法比奥·莫尔兹索恩 著
3. 蛙类博物馆 〔英〕蒂姆·哈利迪 著
4. 兰花博物馆 〔英〕马克·切斯 著 〔荷〕马尔滕·克里斯滕许斯 著 〔美〕汤姆·米伦达 著
5. 甲虫博物馆 〔加拿大〕帕特里斯·布沙尔 著
6. 病毒博物馆 〔美〕玛丽莲·鲁辛克 著
7. 树叶博物馆 〔英〕艾伦·J. 库姆斯 著 〔匈牙利〕若尔特·德布雷齐 著
8. 鸟卵博物馆 〔美〕马克·E. 豪伯 著
9. 毛虫博物馆 〔美〕戴维·G. 詹姆斯 著
10. 蛇类博物馆 〔英〕马克·O. 希亚 著
11. 种子博物馆 〔英〕保罗·史密斯 著